Die Zahlen 11 bis 15

1

2

11

12

13

14

15

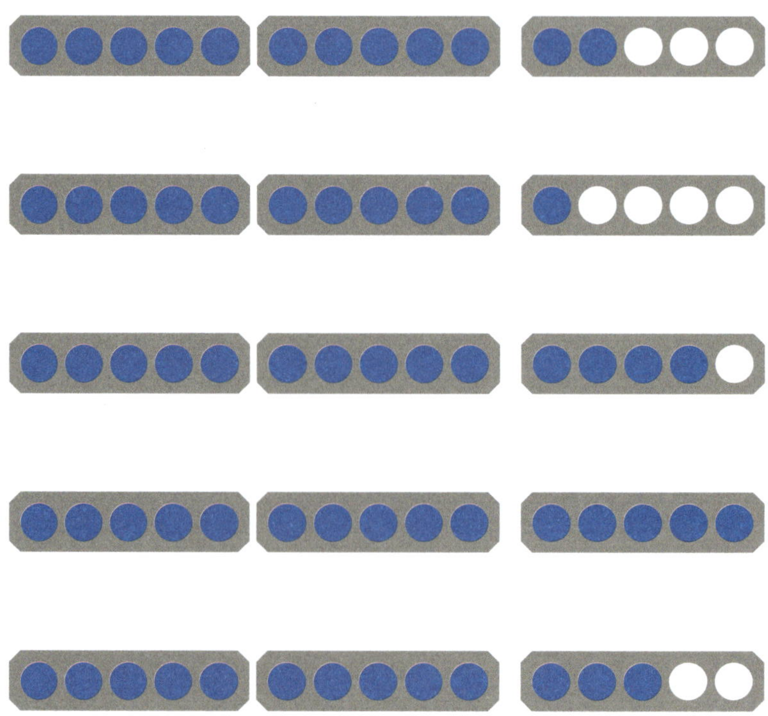

› **1** Erzählen: Gegenstände im Regal benennen und zählen. Dabei die 5er-Struktur als Zählhilfe nutzen.
› **2** Zahlenkarte und Rechenschiff verbinden.

16 17 18 19 20

1

2

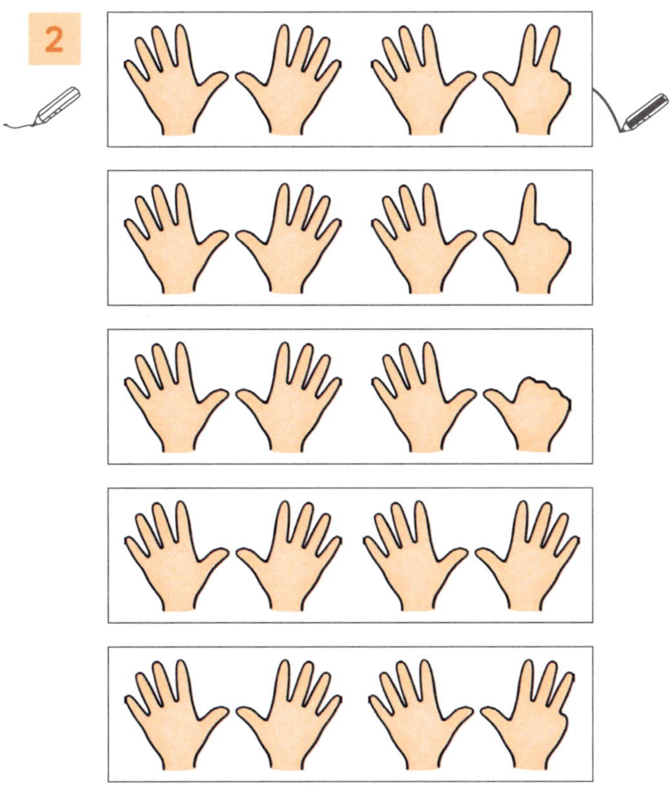

16

17

18

19

20

› **1** Erzählen: Gegenstände im Regal benennen und zählen. Dabei die 5er-Struktur als Zählhilfe nutzen.
› **2** Fingerbild und Zahlenkarte verbinden.

1

2

1	4

1 4

3

› **1** Vorschlag zum Handeln: Plastikeier in Eierkartons bündeln.
› **2–3** Zehner- und Einerkarten der Beilage direkt unter die Eierkartons legen, dann Ziffern in die darunterliegenden Felder übertragen.

1 **Z**ehner 2 **E**iner

Zehner	**Einer**
1	2

1

Zehner Einer

Zehner Einer

2

Zehner Einer

Zehner Einer

3

Zehner Einer

Zehner Einer

› **1 – 3** Zuerst mit Zahlenkarten legen, dann Zehner und Einer eintragen.

1

Zehner	Einer
1	5

2

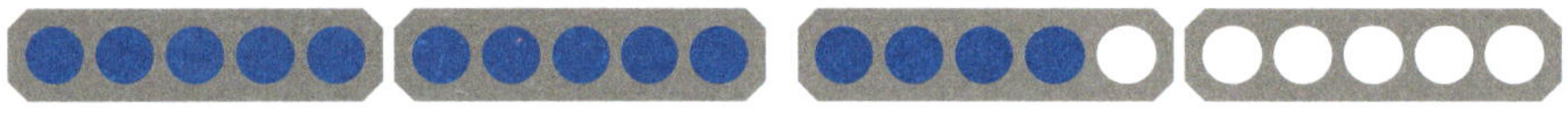

Zehner	Einer

Zehner	Einer

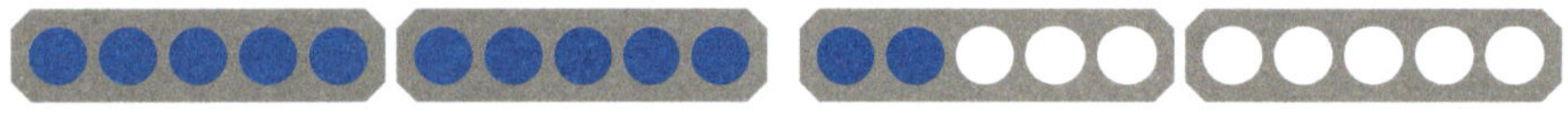

Zehner	Einer

Zehner	Einer

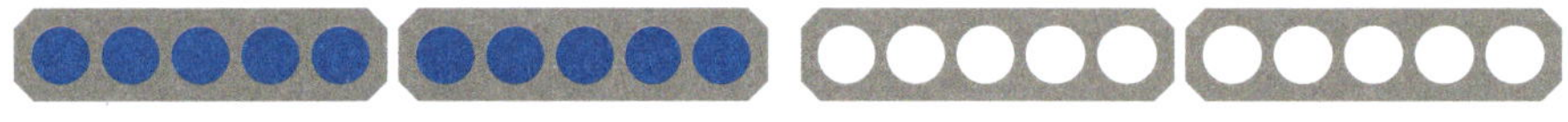

Zehner	Einer

› 1 Über die Situation sprechen.
› 2 Anzahl erkennen und eintragen, dabei am Rechenschiff den vollen Zehner zeigen. Bei Bedarf zuerst mit Zehner- und Einerkarten legen.

1

Zehner Einer

Z E

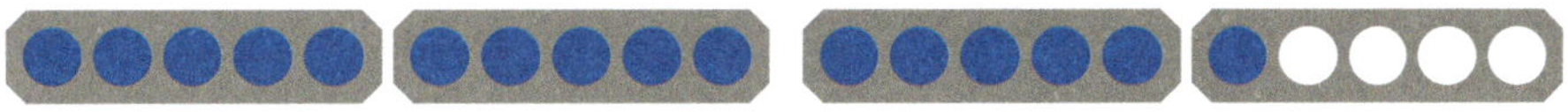

Z E

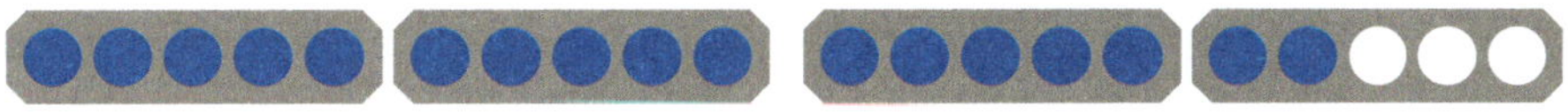

Z E

Z E

2

Z E

› 1 Anzahl erkennen und eintragen, dabei am Rechenschiff den vollen Zehner zeigen. Bei Bedarf zuerst mit Zehner- und Einerkarten legen.
› 2 Gemeinsam lesen und die Zahl 20 mit den Zehner- und Einerkarten der Beilage nachlegen. Zehner und Einer eintragen.

1

2

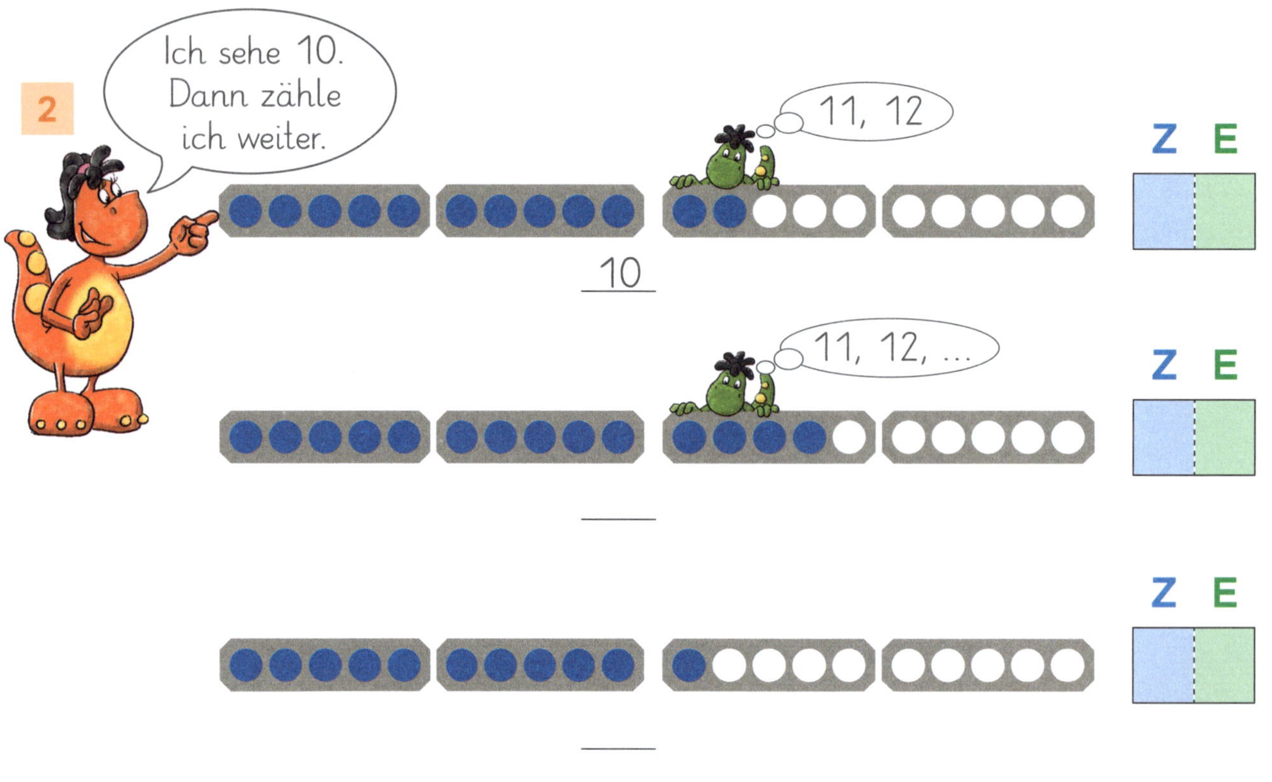

› **1** Früchte zählen, dabei die Kraft der Fünf nutzen. Dann die Zahl eintragen.
› **2** Den Zehner sehen, dann von 10 weiterzählen. Zum Legen eignet sich das ausgefüllte 10er-Rechenschiff der Beilage „Rechenschiffe“.

1

2

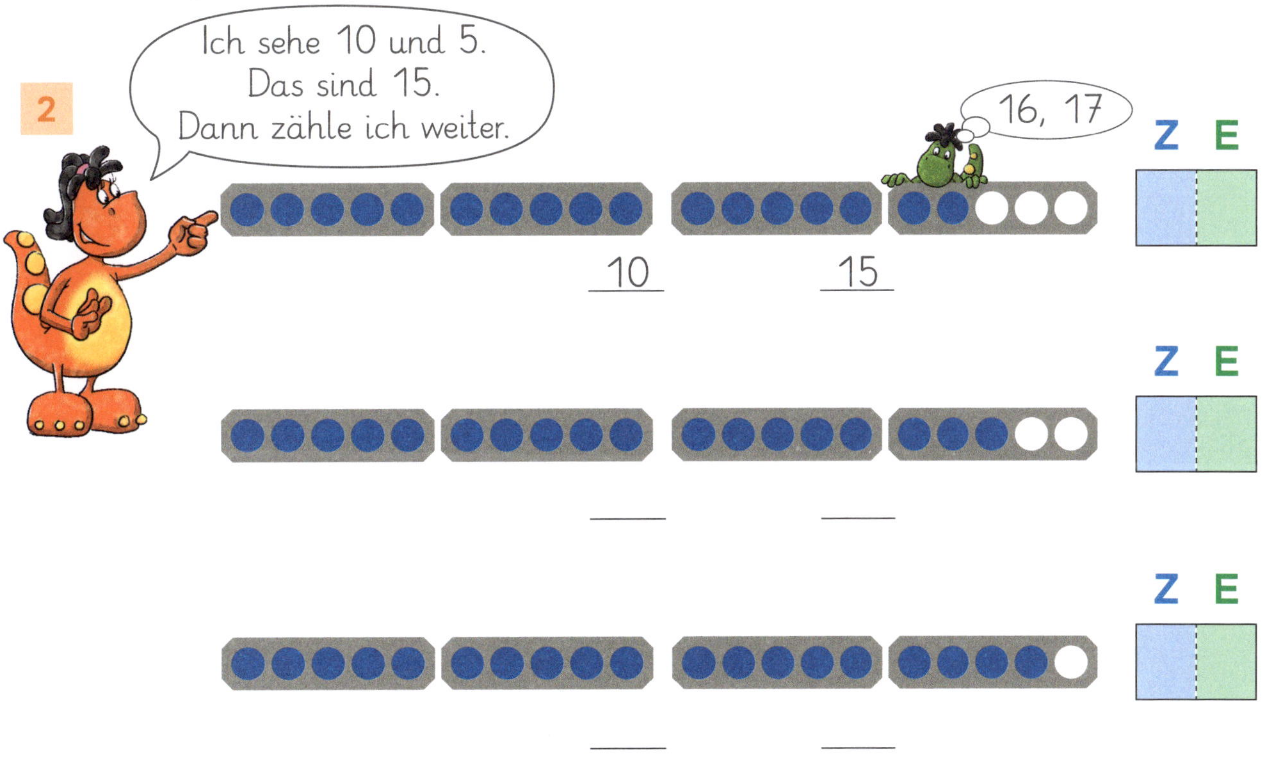

› 1 Früchte zählen, dabei die Kraft der Fünf nutzen. Dann die Zahl eintragen.
› 2 Den Zehner sehen, den nächsten Fünfer sehen und von 15 weiterzählen. Zum Legen eignen sich die ausgefüllten 10er- und 5er-Rechenschiffe der Beilage.

1

2

1	2	3	4	5	6	7	8	9	10
11	12			15	16	17			20

3

1			4	5	6			9	10
	12	13				17	18		

4

1	2	3				7	8		
			14	15	16			19	20

5

1		3		5		7		9	
11		13		15		17		19	

6

	2		4		6		8		10
	12		14		16		18		20

› **1 – 6** Zahlenreihen vervollständigen.

1

2

4	5		
14	15		

7	8		
17	18		

3

2	3		
12			

5	6		
15			

4

6	7		
16			

1	2		
11			

5

› **2–4** Ausschnitte der Zahlenreihe vervollständigen. Die Zahlenreihe in Aufgabe **1** kann als Hilfe genutzt werden.
› **5** Auch das Rückwärtszählen üben. Dazu Zahlenkarten auslegen und (vorwärts und) rückwärts an der Zahlenreihe entlang laufen. Laut mitzählen.

1

Vorgänger	Zahl	Nachfolger
4	5	6
14	15	16

2

Vorgänger	Zahl	Nachfolger
	5	
	15	

Vorgänger	Zahl	Nachfolger
	7	
	17	

3

Vorgänger	Zahl	Nachfolger
	3	
	13	

Vorgänger	Zahl	Nachfolger
	6	
	16	

4

Vorgänger	Zahl	Nachfolger
	8	
	18	

Vorgänger	Zahl	Nachfolger
	2	
	12	

5

Vorgänger	Zahl	Nachfolger
	4	
	14	

Vorgänger	Zahl	Nachfolger
	9	
	19	

› **1** Gemeinsam lesen und die Zahlen mit den passenden Begriffen beschreiben (z. B. „Der Vorgänger von 15 ist 14.").
› **2–5** Vorgänger und Nachfolger im ersten und zweiten Zehner bestimmen. Auf die richtige Verwendung der Begriffe achten.

Einer-Karten
Zehner-Karten

1	0	2	0

		1	2
3	4	5	6
7	8	9	0

1

Vorgänger	Zahl	Nachfolger
9	10	11
19	20	21

2

Vorgänger	Zahl	Nachfolger
	10	

Vorgänger	Zahl	Nachfolger
	11	

3

Vorgänger	Zahl	Nachfolger
	15	

Vorgänger	Zahl	Nachfolger
	19	

4

Vorgänger	Zahl	Nachfolger
10		

Vorgänger	Zahl	Nachfolger
12		

5

Vorgänger	Zahl	Nachfolger
15		

Vorgänger	Zahl	Nachfolger
17		

6

Vorgänger	Zahl	Nachfolger
		18

Vorgänger	Zahl	Nachfolger
		13

7

Vorgänger	Zahl	Nachfolger
		15

Vorgänger	Zahl	Nachfolger
		21

› **1** Gemeinsam lesen und über die Situation sprechen.
› **2–7** Vorgänger und Nachfolger bzw. die Ausgangszahl bestimmen. Auf die richtige Verwendung der Begriffe achten.

1

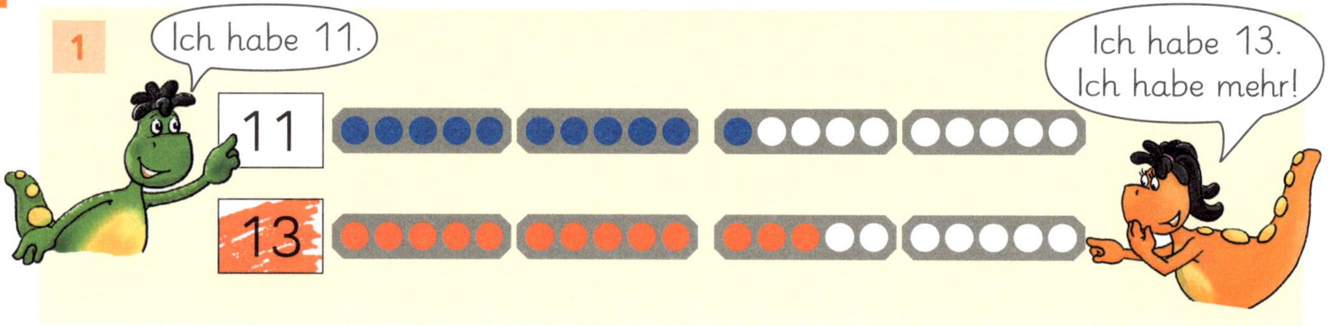

2

14
11

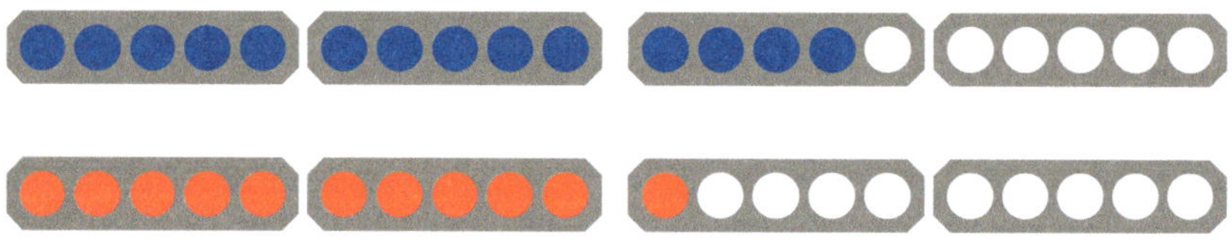

15
12

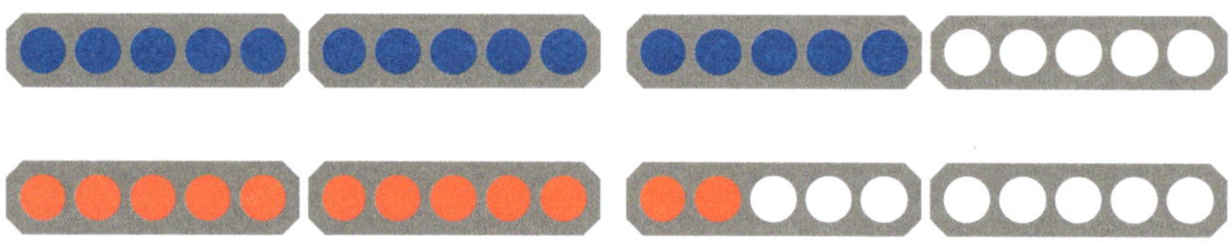

14
18

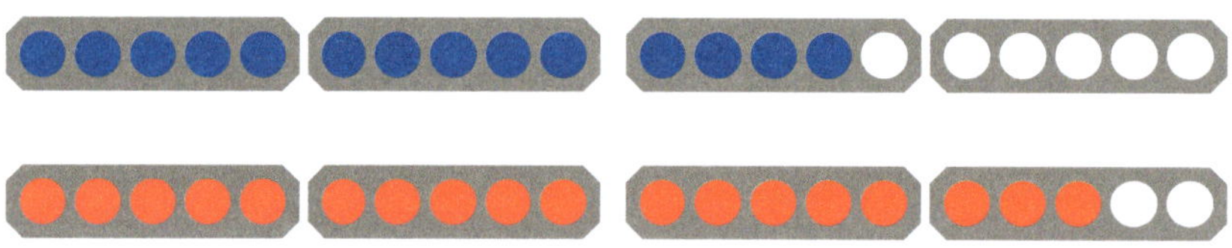

17
11

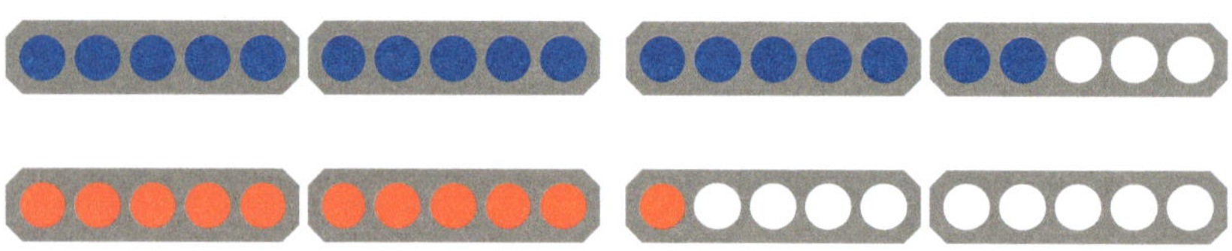

3

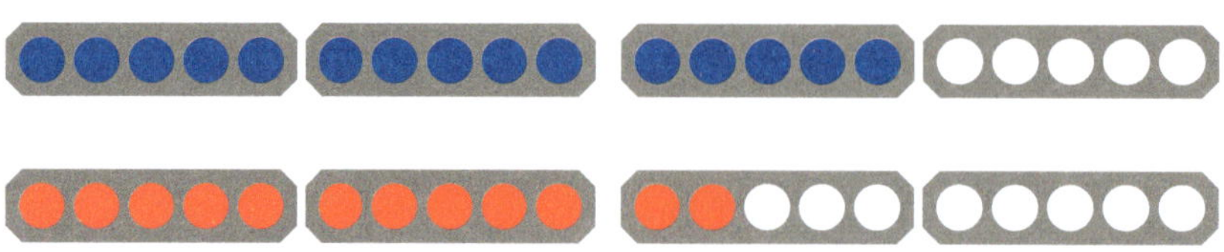

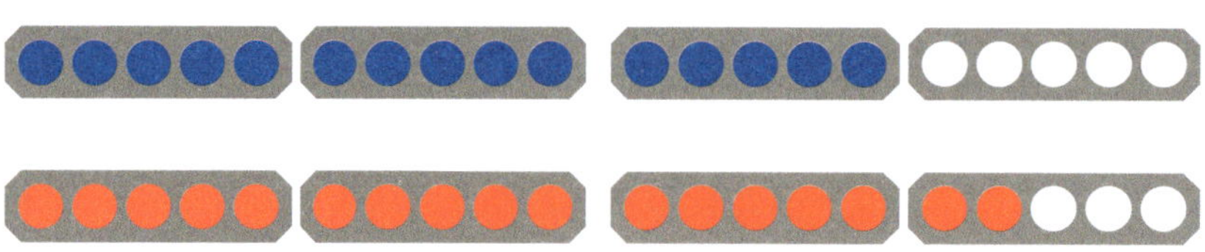

› **1** Über die Situation sprechen und diese mit unterschiedlichen Zahlen nachspielen: Wer hat mehr Plättchen?
› **2** Zahlenkarte mit der größeren Zahl färben. **3** Anzahlen eintragen und Zahlenkarte mit der größeren Zahl färben.

1

11

13

2

14 | 11 — 3 mehr

10 | 17 — ___ mehr

10 | 20 — ___ mehr

18 | 13 — ___ mehr

3

☐ | ☐ — ___ mehr

☐ | ☐ — ___ mehr

› **2** Zahlenkarte mit der größeren Zahl färben. Unterschied einkreisen und eintragen.
› **3** Anzahlen eintragen und Zahlenkarte mit der größeren Zahl färben. Unterschied einkreisen und eintragen.

1

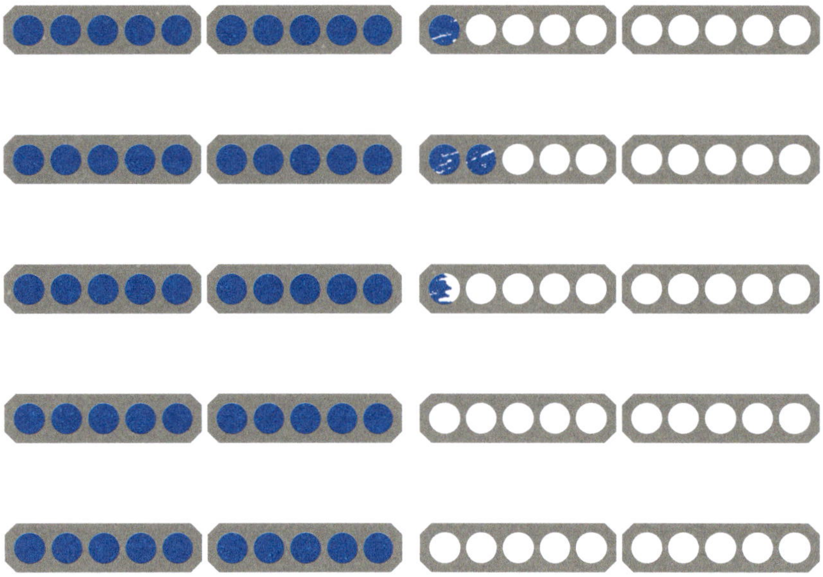

10 + 1 = ___

10 + 2 = ___

10 + 3 = ___

10 + 4 = ___

10 + 5 = ___

2

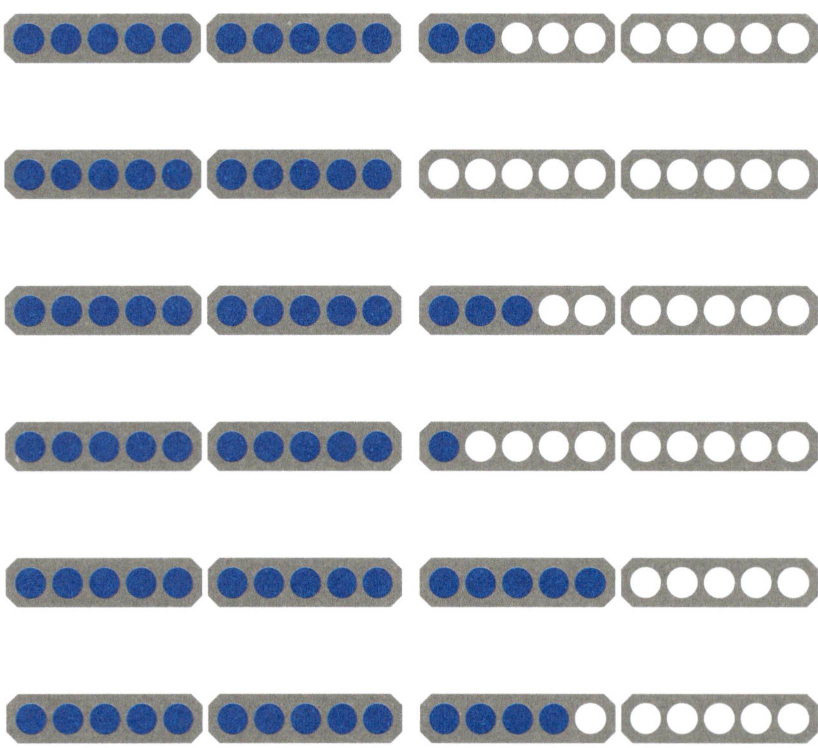

10 + 0

10 + 1

10 + 2

10 + 3

10 + 4

10 + 5

3

10 + 3 = ___ 10 + 2 = ___ 10 + 5 = ___

10 + 1 = ___ 10 + 4 = ___ 10 + 0 = ___

› **1** Fehlende Plättchen anmalen und Ergebnis notieren. **2** Rechenschiff und Zerlegungsaufgabe verbinden.
› **3** Additionsaufgaben mit 10 lösen. Bei Bedarf Aufgabe in Rechenschiffe legen.

1

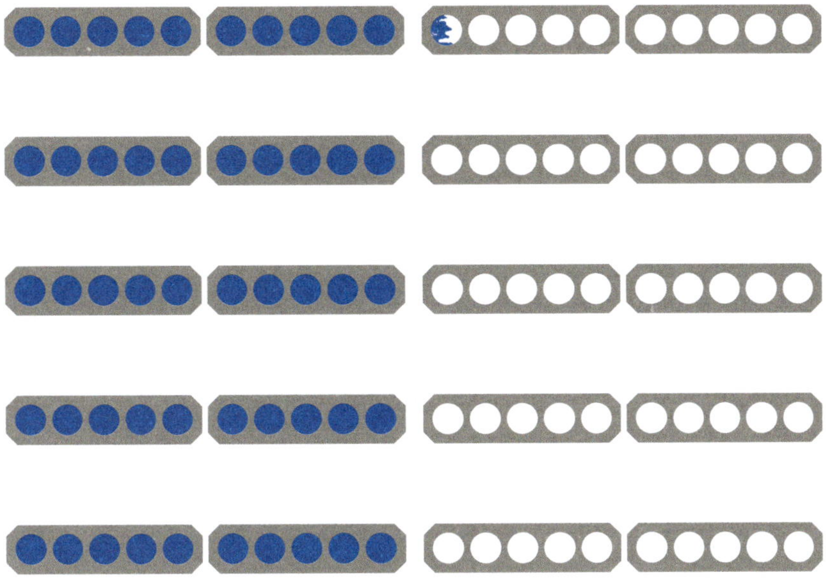

10 + 6 = ☐

10 + 7 = ☐

10 + 8 = ☐

10 + 9 = ☐

10 + 10 = ☐

2

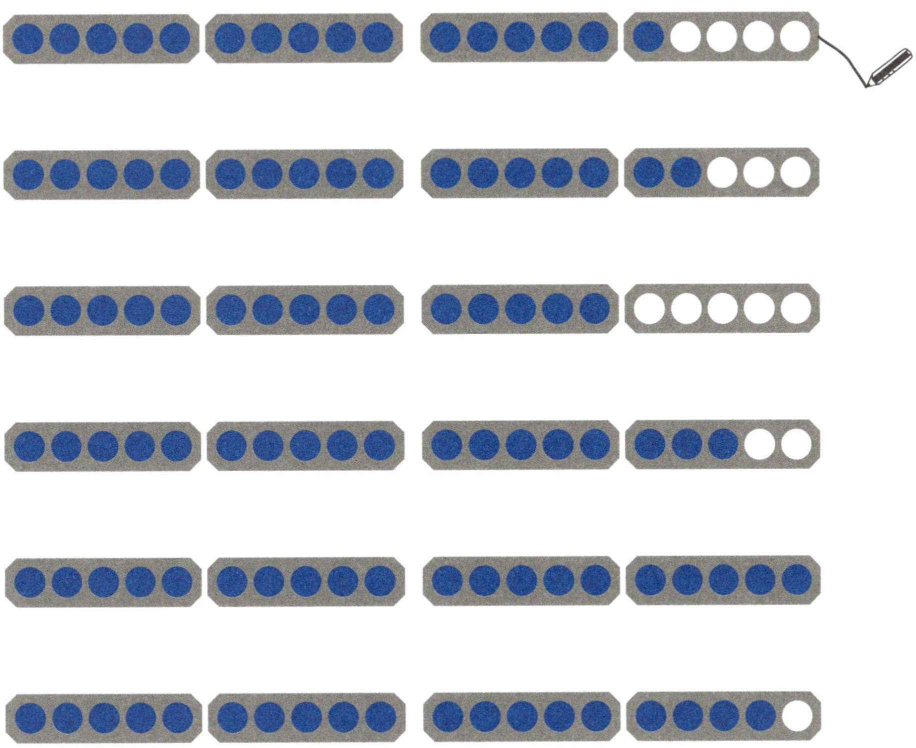

10 + 5

10 + 6

10 + 7

10 + 8

10 + 9

10 + 10

3

10 + 7 = ☐	10 + 9 = ☐	10 + 6 = ☐
10 + 8 = ☐	10 + 5 = ☐	10 + 10 = ☐

› **1** Fehlende Plättchen anmalen und Ergebnis notieren. **2** Rechenschiff und Zerlegungsaufgabe verbinden.
› **3** Additionsaufgaben mit 10 lösen. Bei Bedarf Aufgabe in Rechenschiffe legen.

1 14 − 10 = ☐

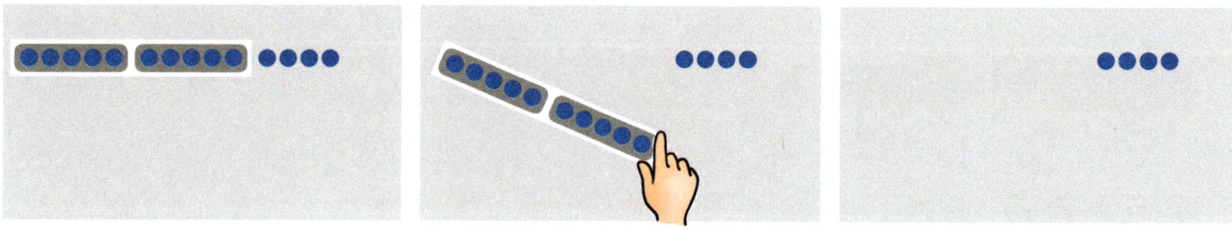

vorher 14 — ein Zehner weg — nachher 4

2 16 − 10 = ☐

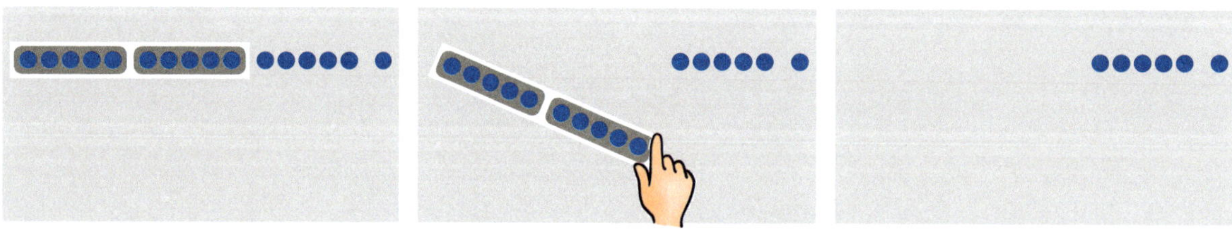

vorher 16 — ein Zehner weg — nachher ____

3 11 − 10 = ☐

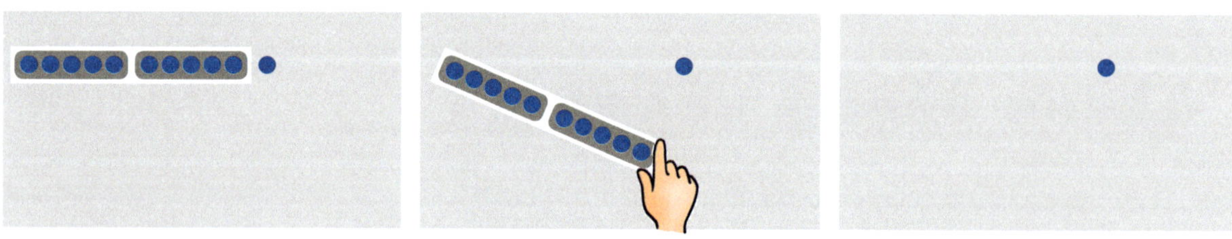

vorher ____ — ein Zehner weg — nachher ____

4 15 − 10 = ☐

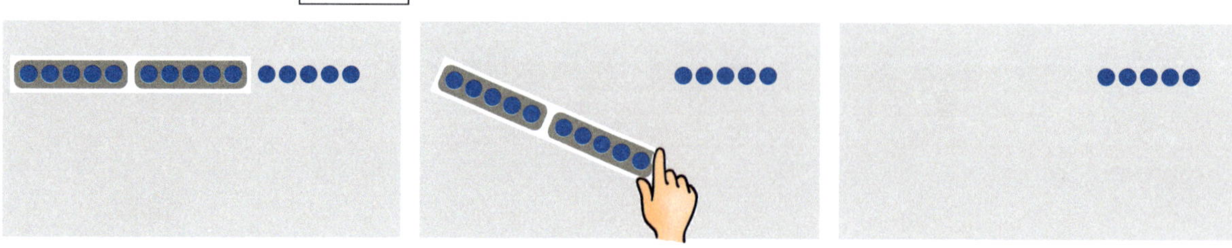

vorher ____ — ein Zehner weg — nachher ____

5 13 − 10 = ☐ 12 − 10 = ☐ 19 − 10 = ☐

› **1–5** Aufgaben mit Material legen, dabei ein ausgefülltes 10er-Rechenschiff wegnehmen. Subtraktionsaufgabe mit 10 lösen.

1 4 + 10 = ☐

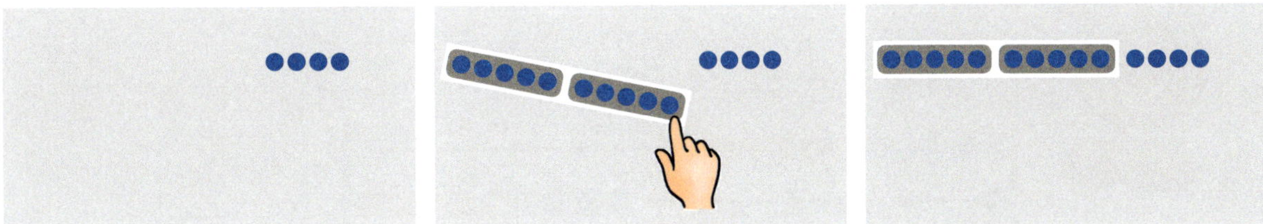

4 | ein Zehner dazu | zusammen 14

2 2 + 10 = ☐

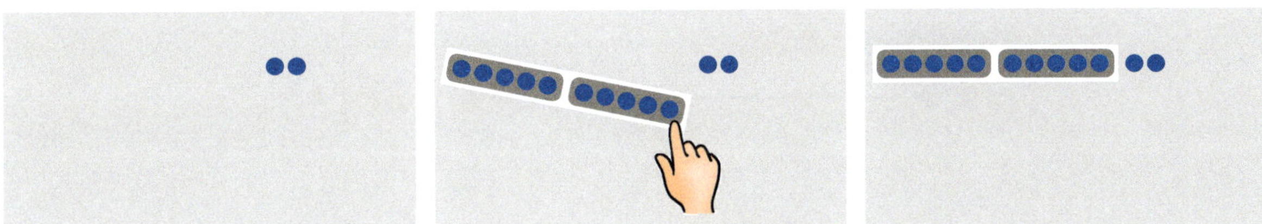

2 | ein Zehner dazu | zusammen ____

3 6 + 10 = ☐

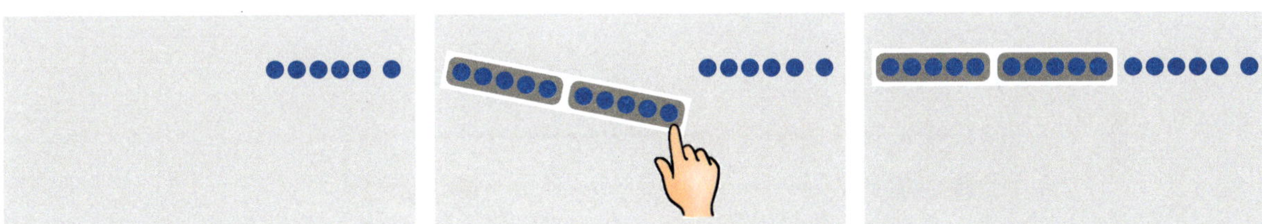

____ | ein Zehner dazu | zusammen ____

4 3 + 10 = ☐

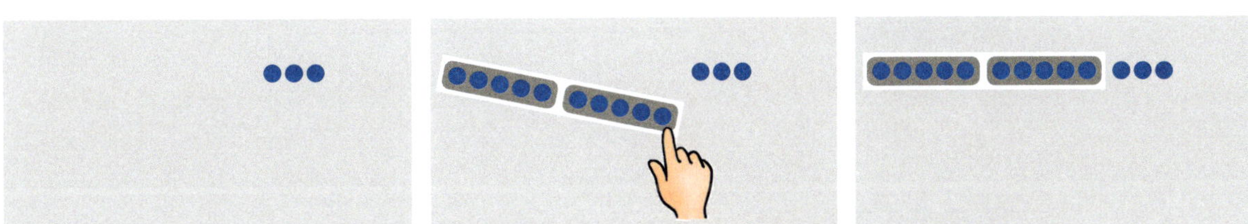

____ | ein Zehner dazu | zusammen ____

5 5 + 10 = ☐   8 + 10 = ☐   7 + 10 = ☐

› **1–5** Aufgaben mit Material legen, dabei ein ausgefülltes 10er-Rechenschiff dazuschieben. Additionsaufgabe mit 10 lösen.

Zahlen bis 20 am Rechenrahmen

1

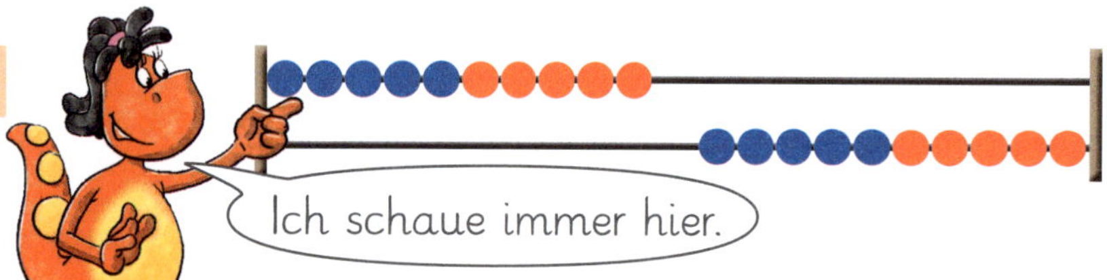

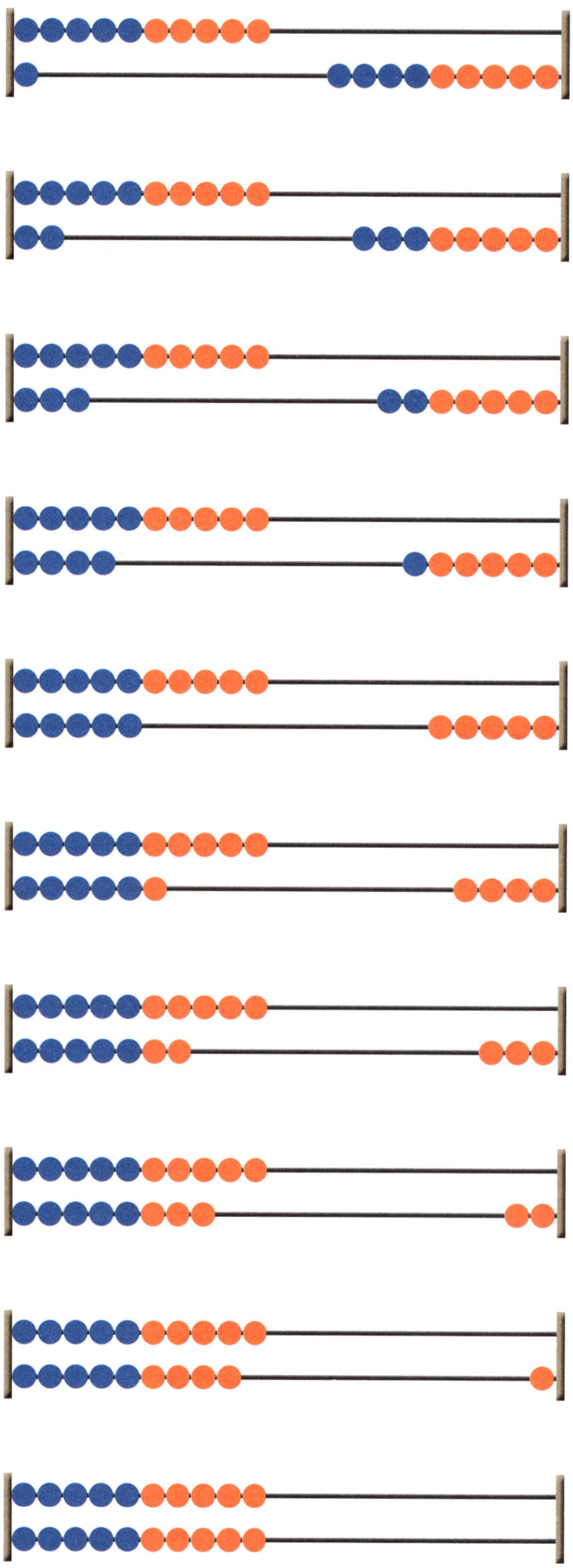

10

› **1** Zahlen am Rechenrahmen einstellen und die richtige Zahl notieren.

1

12	10 + 2
13	10 + 3
15	10 + 1
14	10 + 5
11	10 + 4
16	10 + 7
17	10 + 9
19	10 + 6
20	10 + 10
18	10 + 8

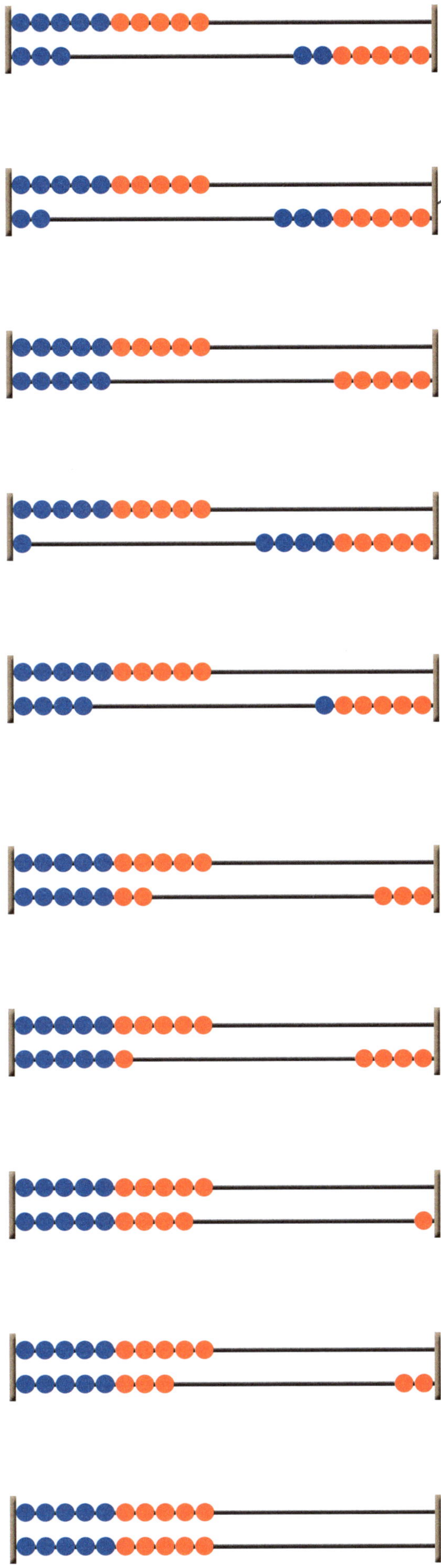

› 1 Zahlenkarte, Rechenrahmen und Zerlegungsaufgabe verbinden.

Zahlen bis 20 am Rechenrahmen

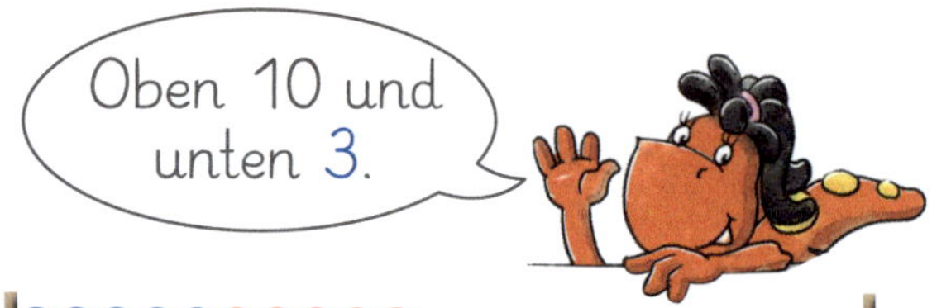

1

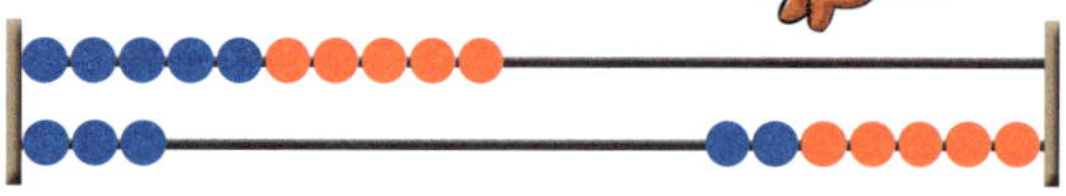

13

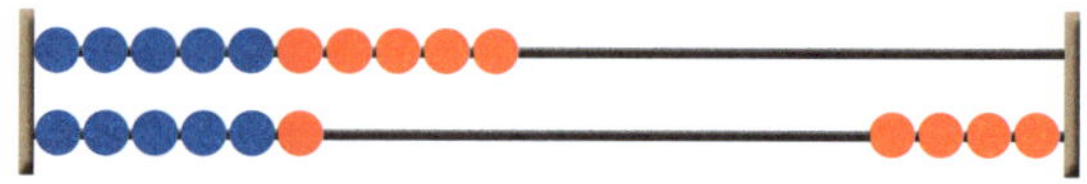

2

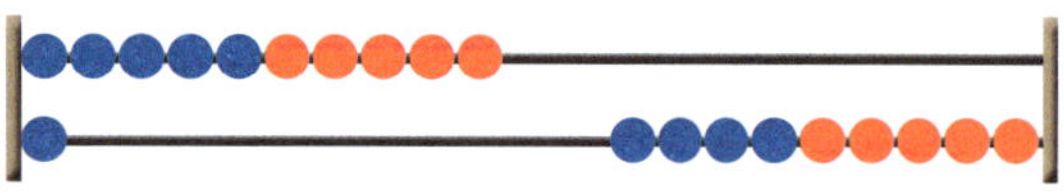

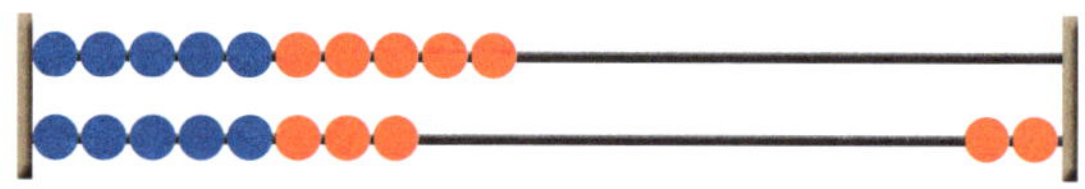

3

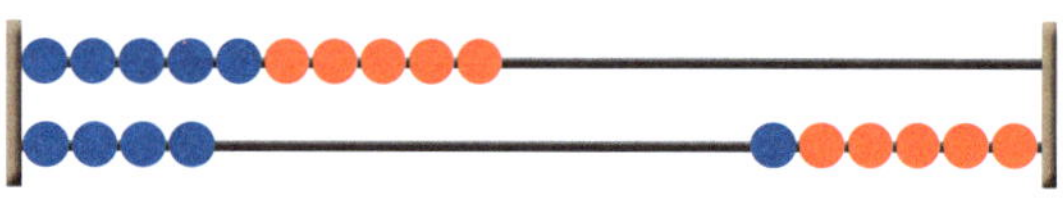

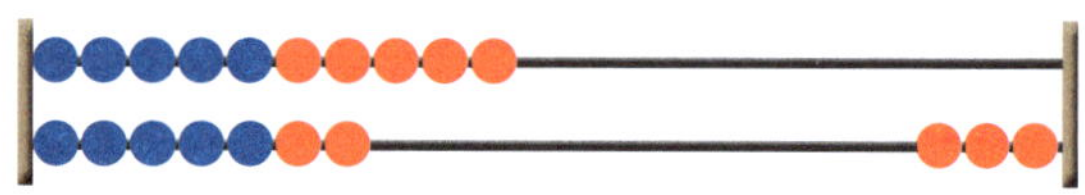

4

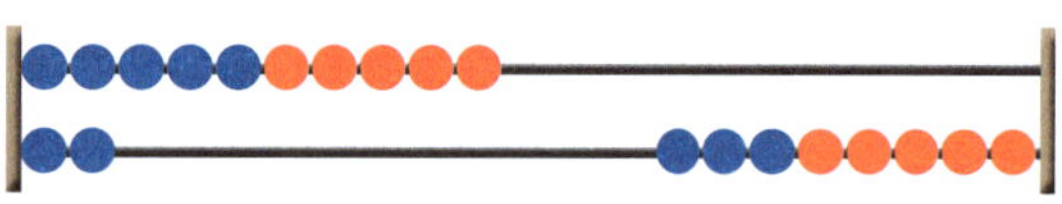

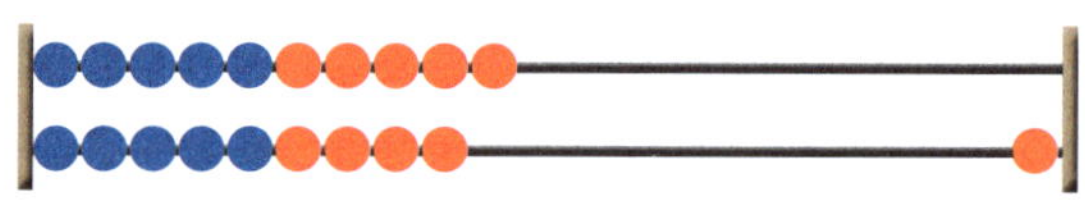

5

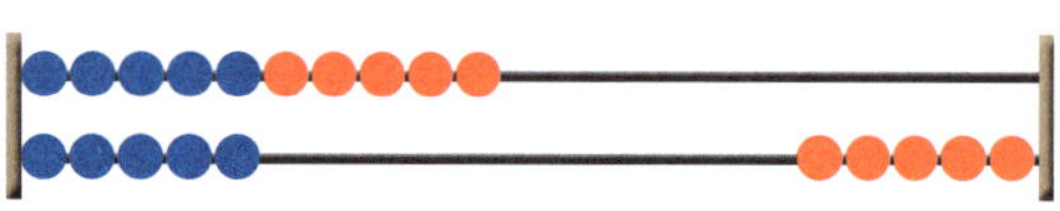

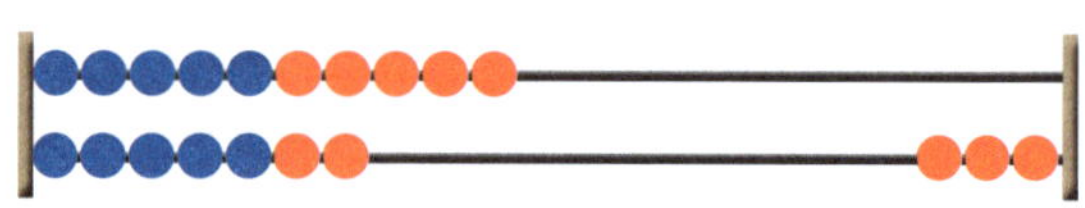

6

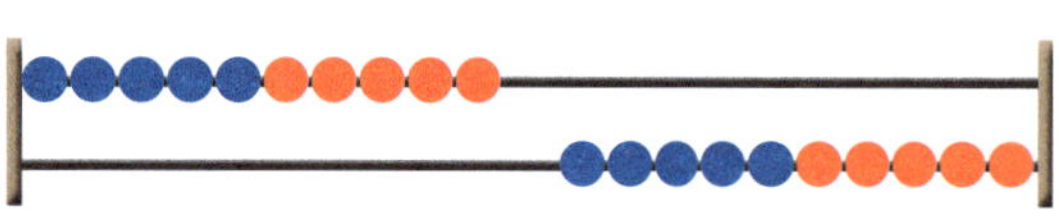

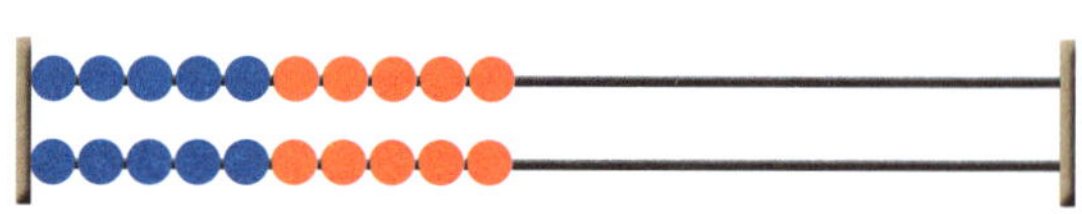

› **1 – 6** Zahlen am Rechenrahmen einstellen und beschreiben, wie die Zahl aussieht. Richtige Zahl notieren.

1

Oben 10,
unten 5 und 2.

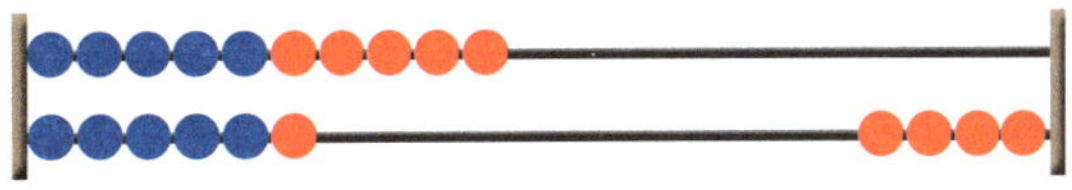

16

Oben 10,
unten 5 und 1.

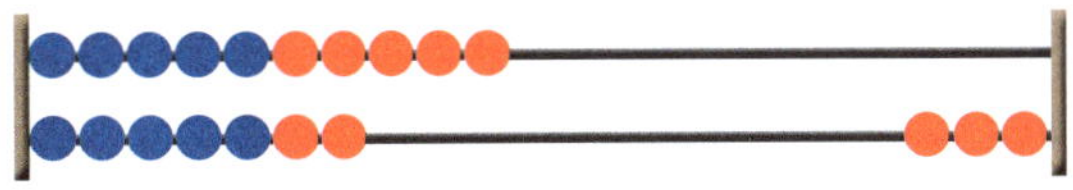

Oben 10,
unten 5 und 4.

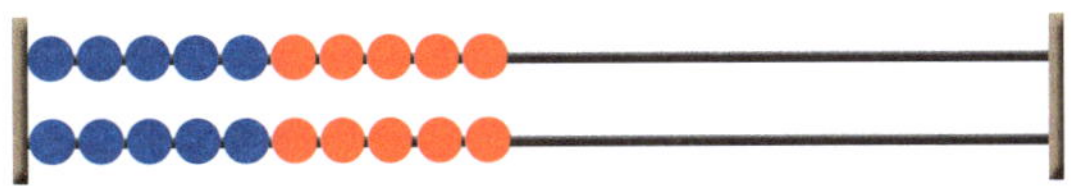

Oben 10,
unten 5 und 3.

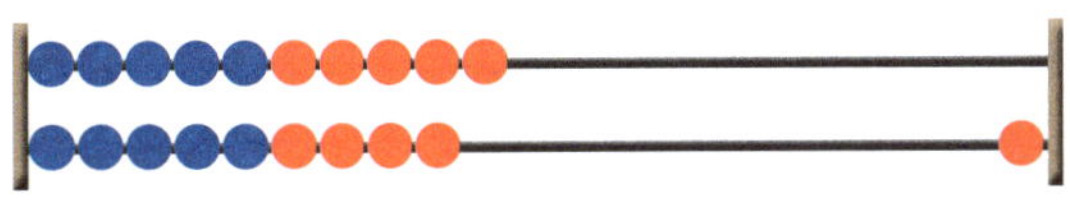

Oben 10,
unten 10.

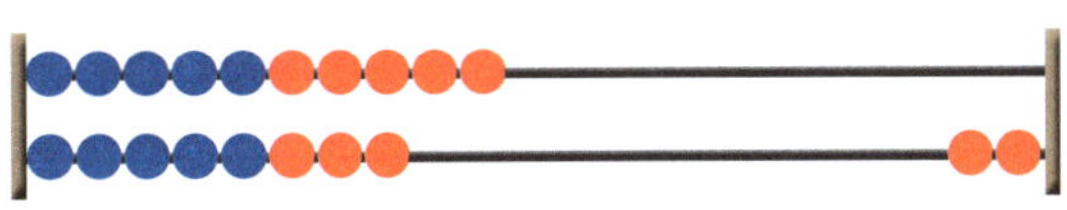

2

› **1** Die Beschreibung mit dem richtigen Rechenrahmen verbinden, Zahl notieren.
› **2** Blitz-Sehen am Rechenrahmen: Ein Kind schiebt verdeckt eine Zahl. Es zeigt sie nur kurz. Das andere Kind notiert die passende Zahl.

1

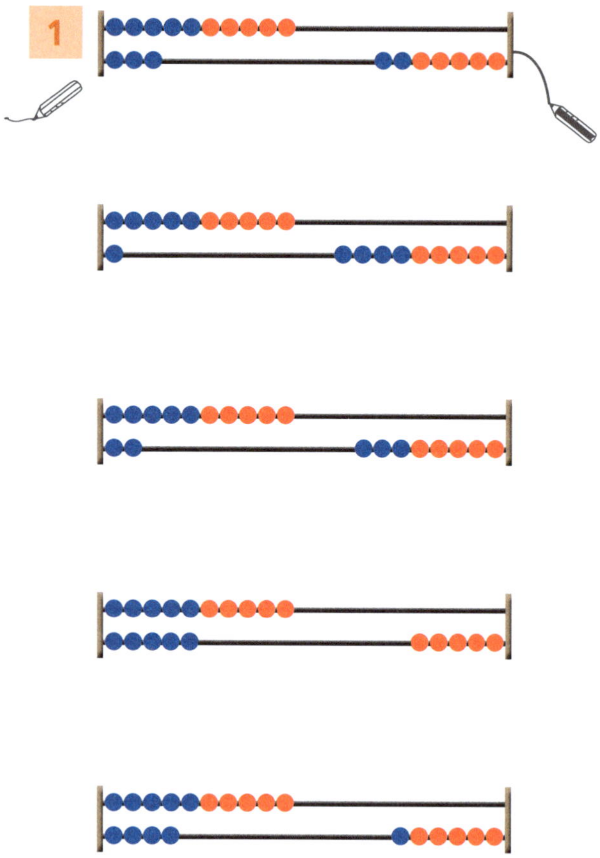

11

12

13

14

15

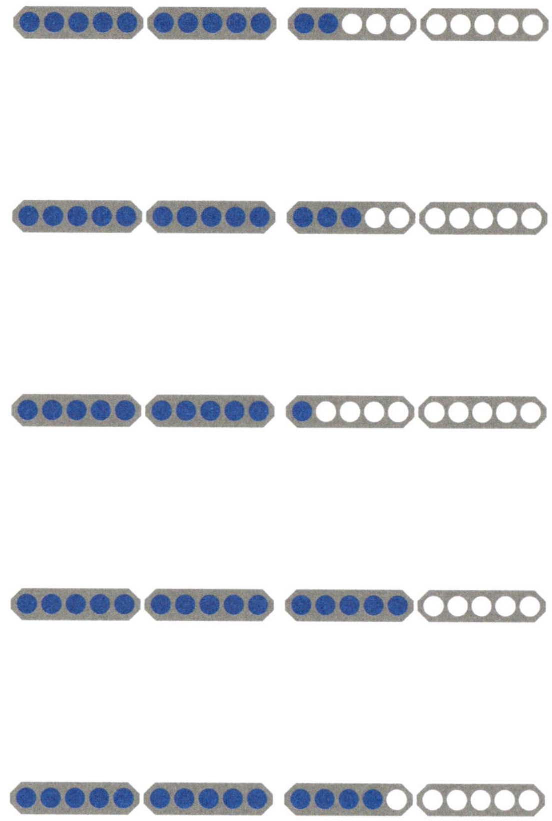

2

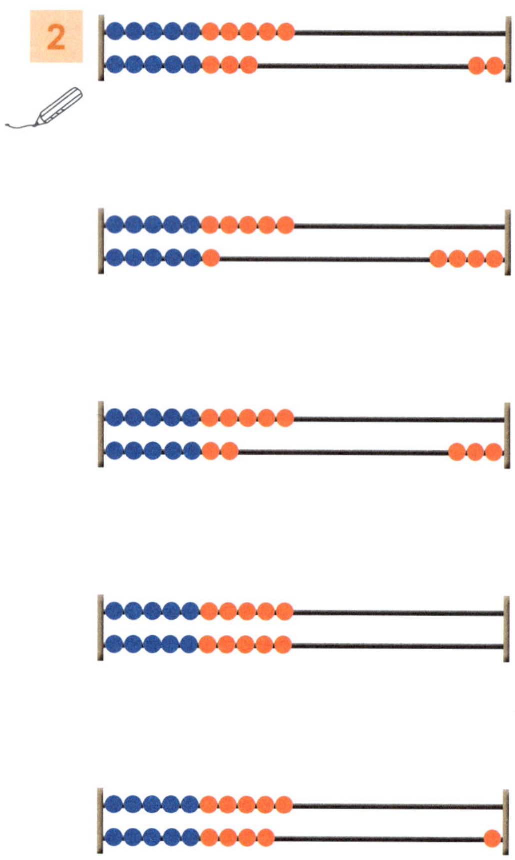

16

17

18

19

20

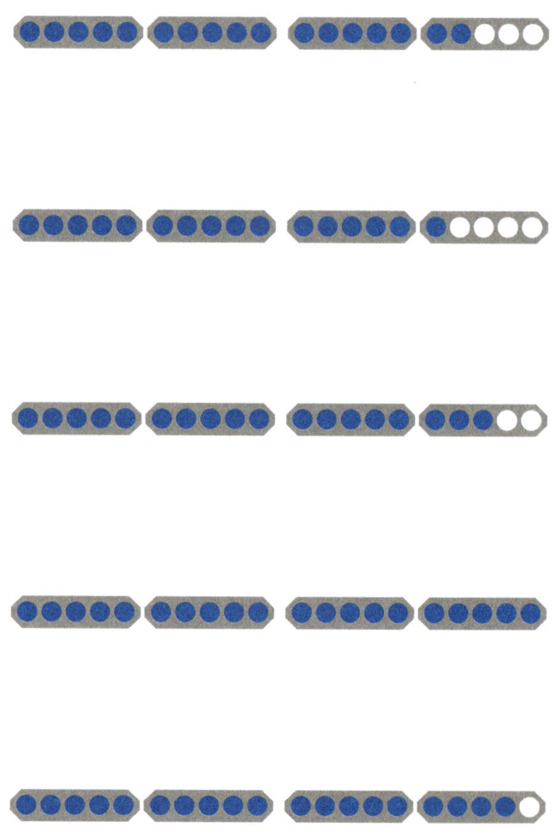

› **1–2** Rechenrahmen, Zahlenkarte und Rechenschiff verbinden.
Gemeinsam die beiden Darstellungsformen vergleichen und beschreiben, was anders ist.

1

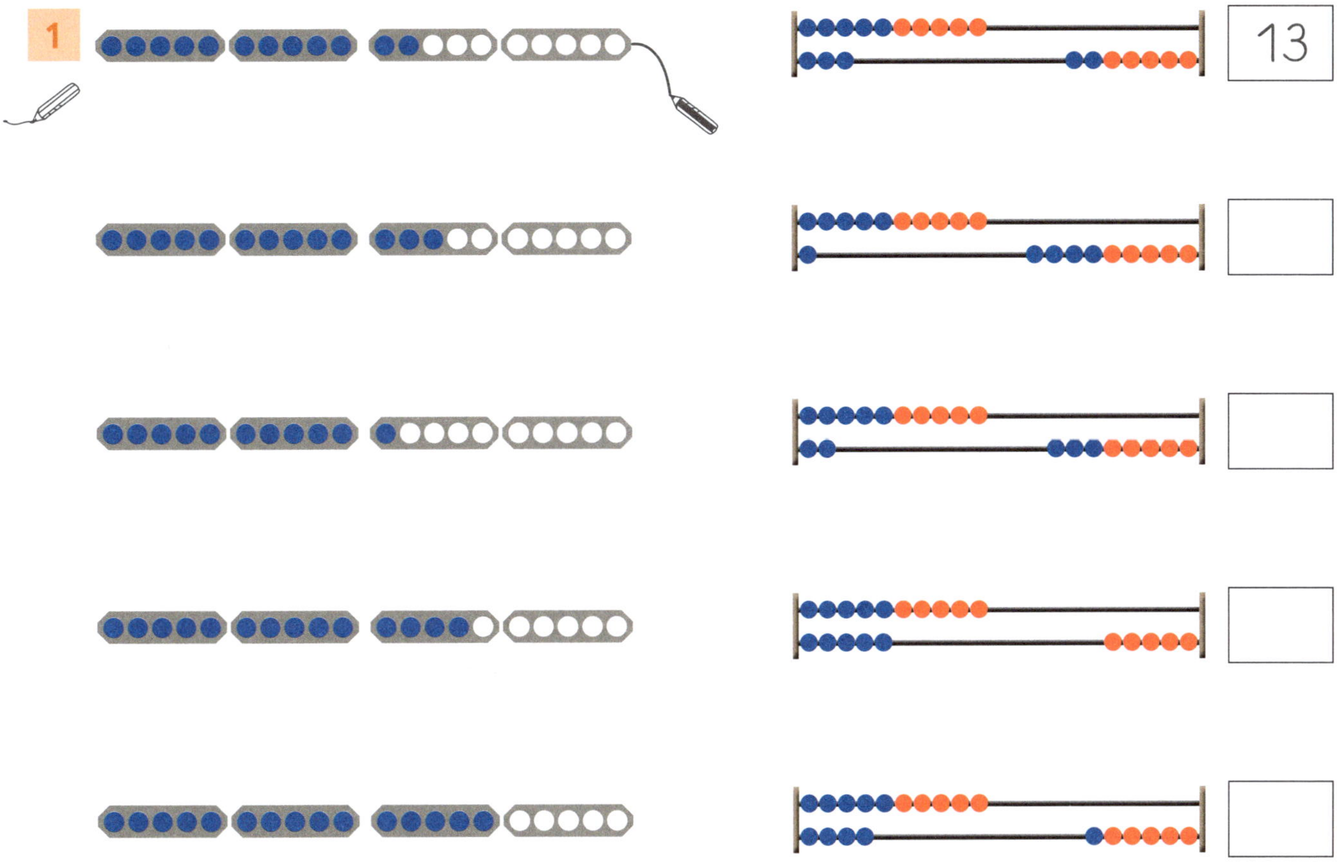

2

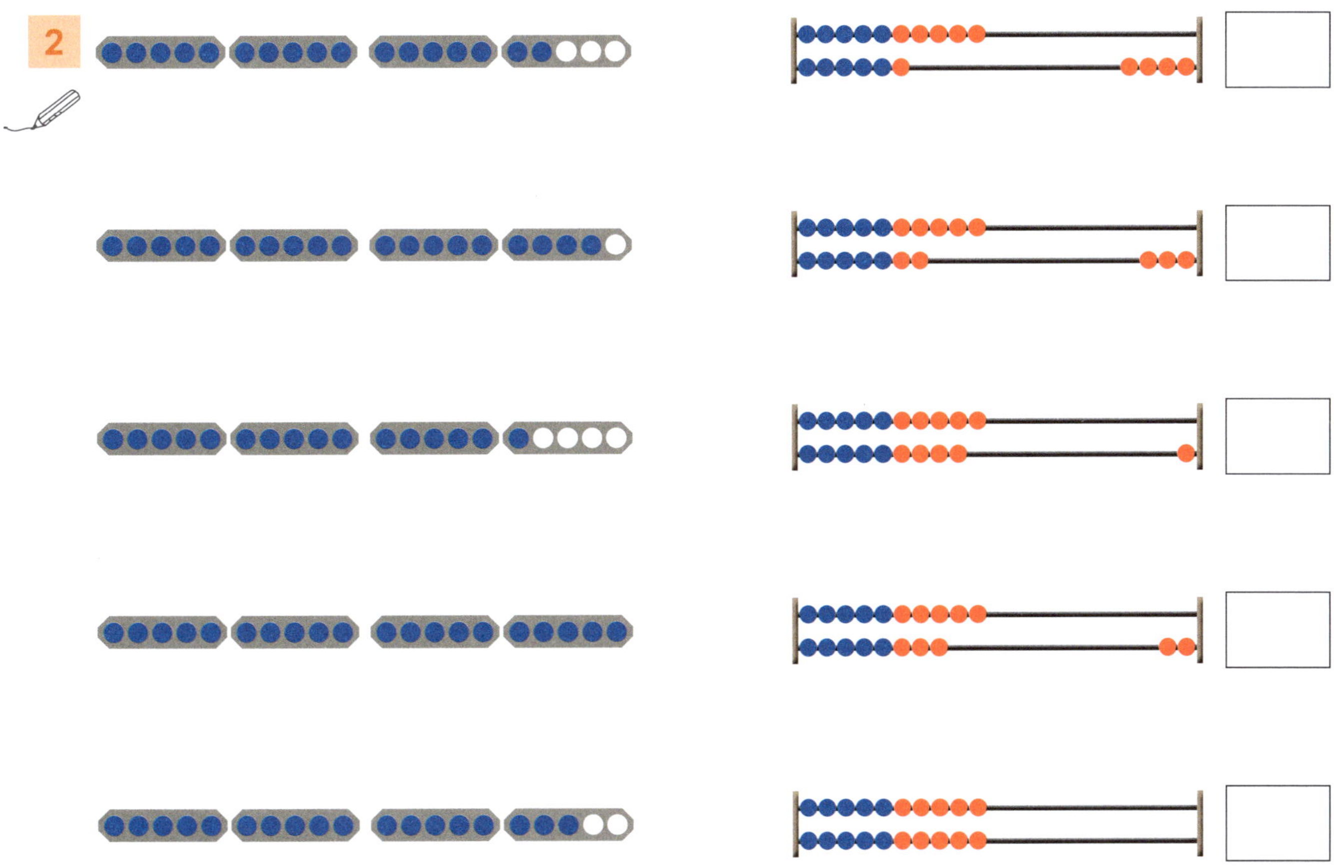

› **1–2** Rechenschiff und Rechenrahmen verbinden, richtige Zahl notieren.
Gemeinsam die beiden Darstellungsformen vergleichen und beschreiben, was anders ist.

1

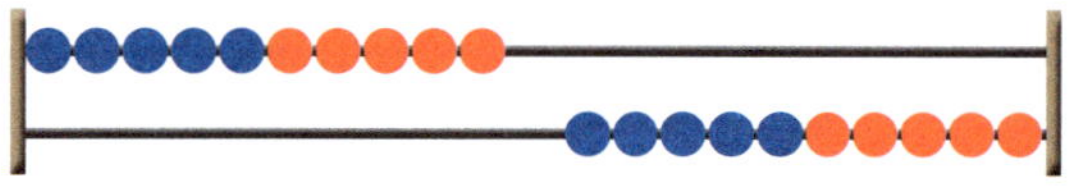
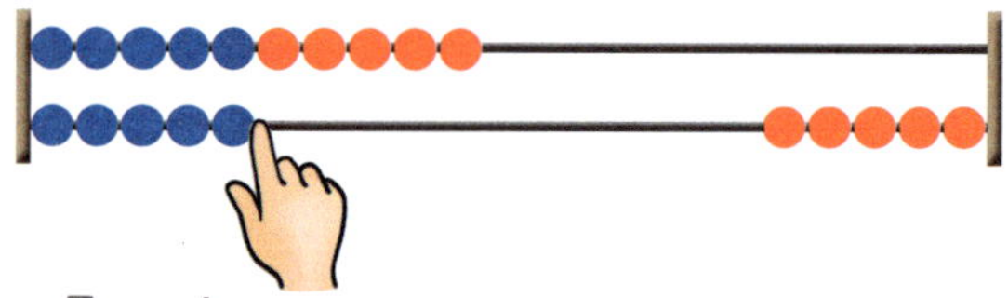

10   5 dazu, zusammen ____

10 + 5 = ☐

2

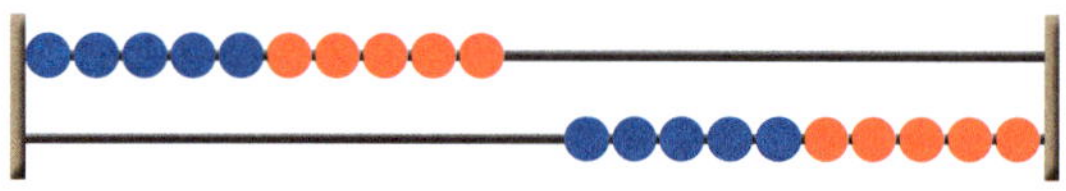
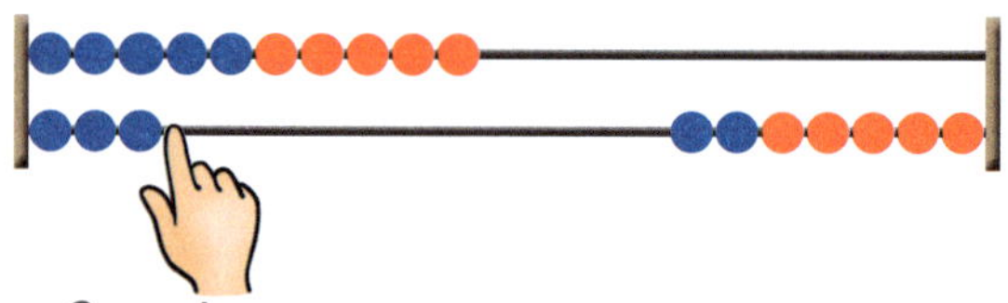

10   3 dazu, zusammen ____

10 + 3 = ☐

3

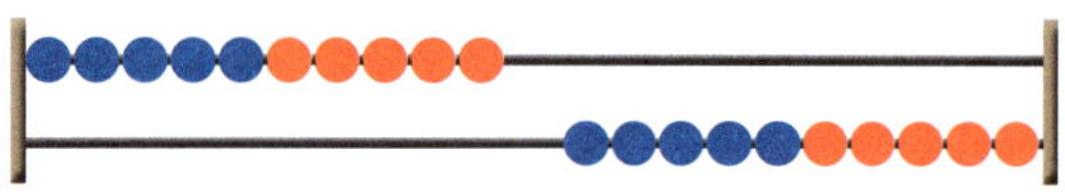
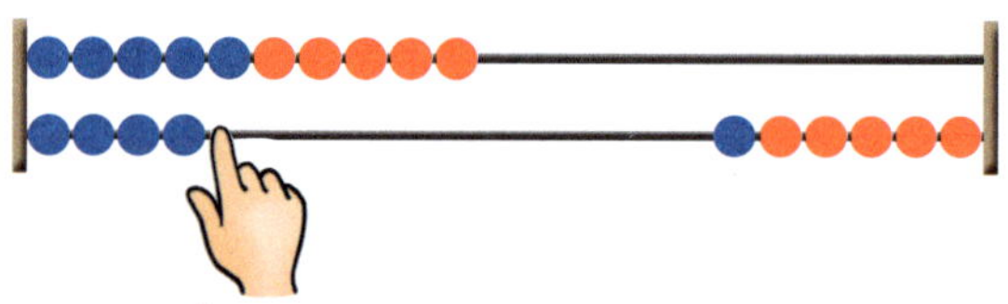

10   ___ dazu, zusammen ____

10 + 4 = ☐

4

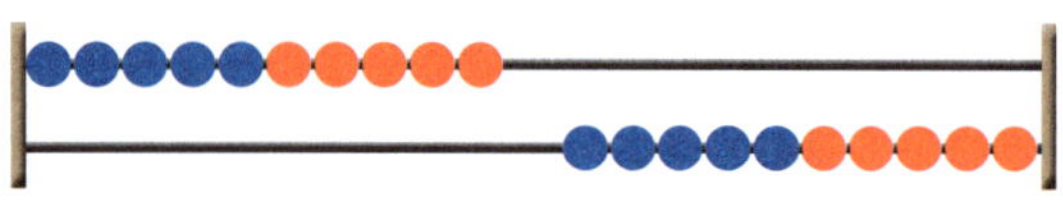
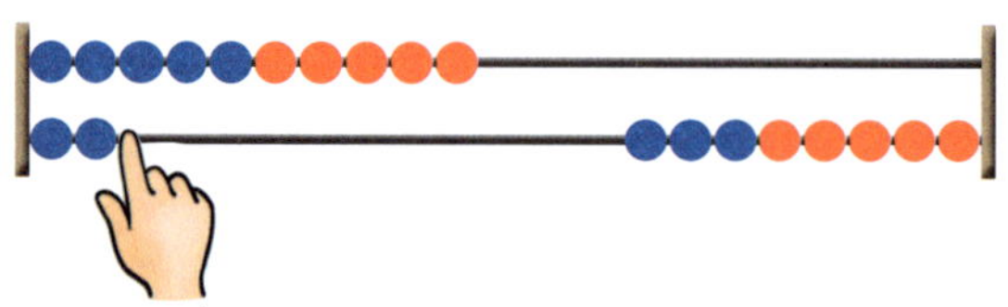

10   ___ dazu, zusammen ____

10 + 2 = ☐

5

10 + 5 = ☐	10 + 3 = ☐	10 + 8 = ☐
10 + 1 = ☐	10 + 9 = ☐	10 + 6 = ☐
10 + 4 = ☐	10 + 7 = ☐	10 + 2 = ☐

› **1–4** Am Rechenrahmen die 10 in einem Zug einstellen, dann den 2. Summanden in der unteren Reihe dazuschieben. Ergebnis notieren.
› **5** Additionsaufgaben mit 10 lösen. Den Rechenrahmen als Hilfe nutzen.

1

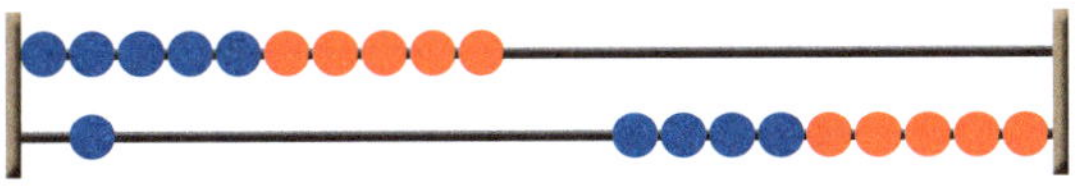

10 + [1] = 11

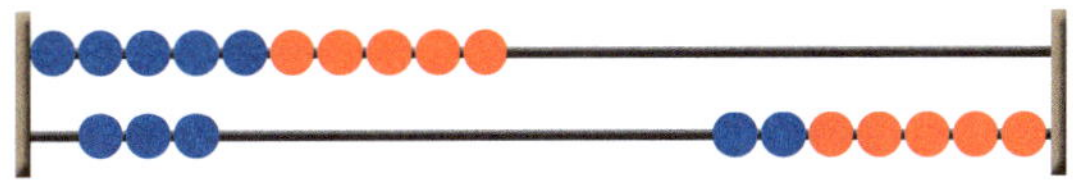

10 + ☐ = 13

2

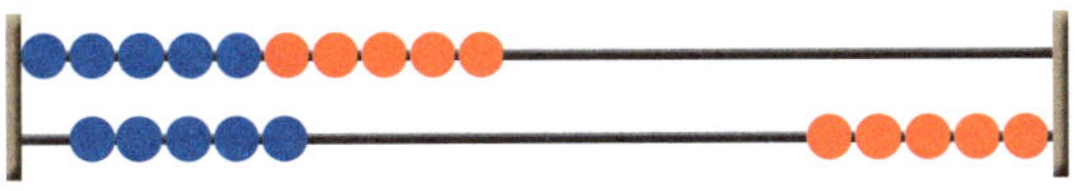

10 + ☐ = 15

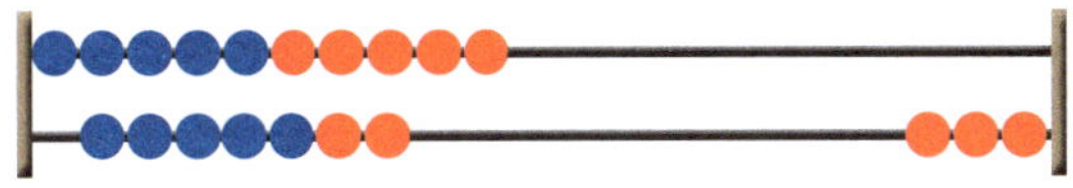

10 + ☐ = 17

3

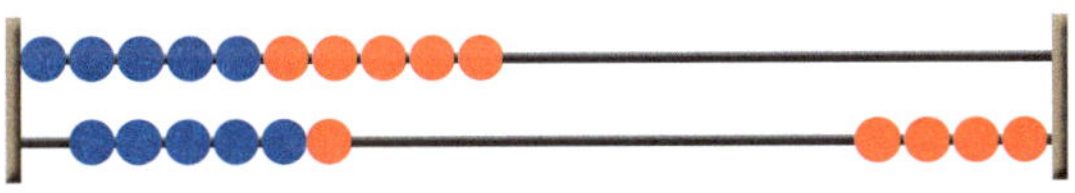

10 + ☐ = 16

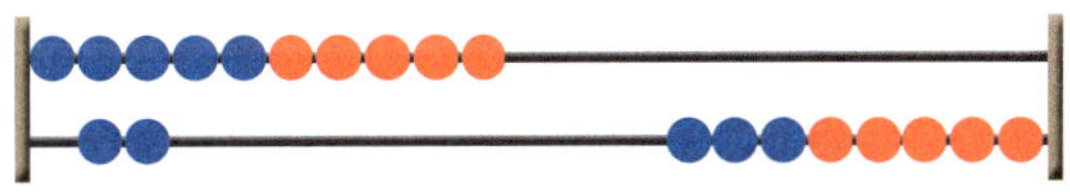

10 + ☐ = 12

4

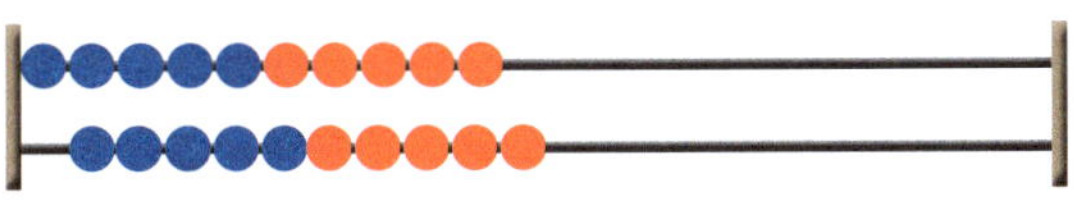

10 + ☐ = 20

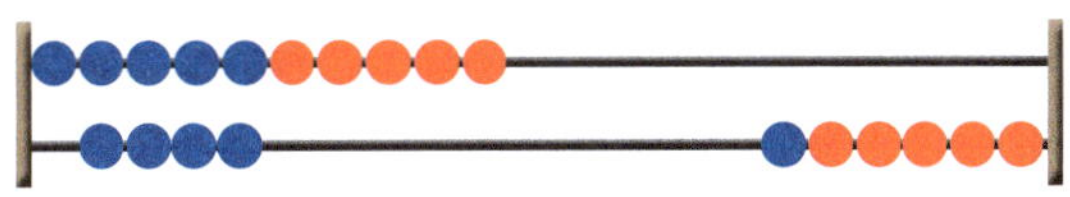

10 + ☐ = 14

5

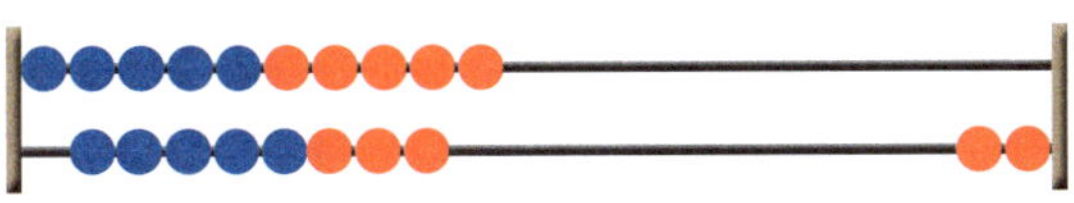

10 + ☐ = 18

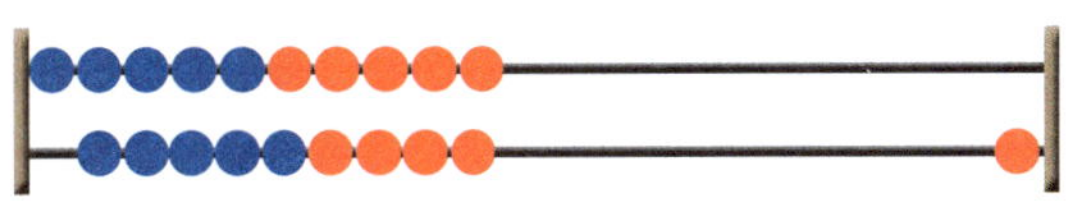

10 + ☐ = 19

6

10 + ☐ = 11	10 + ☐ = 14	10 + ☐ = 17
10 + ☐ = 12	10 + ☐ = 15	10 + ☐ = 18
10 + ☐ = 13	10 + ☐ = 16	10 + ☐ = 19

› **1–5** Am Rechenrahmen die 10 in einem Zug einstellen. Wie viele müssen noch ergänzt werden?
› **6** Ergänzungsaufgaben mit 10 lösen. Den Rechenrahmen als Hilfe nutzen.

1

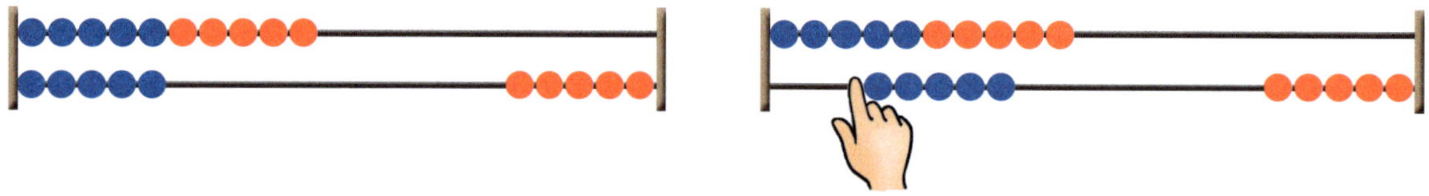

15   5 weg, nachher ____

15 − 5 = ☐

2

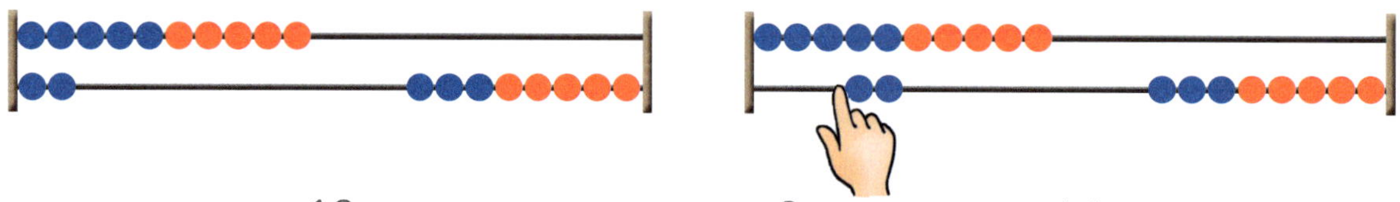

12   2 weg, nachher ____

12 − 2 = ☐

3

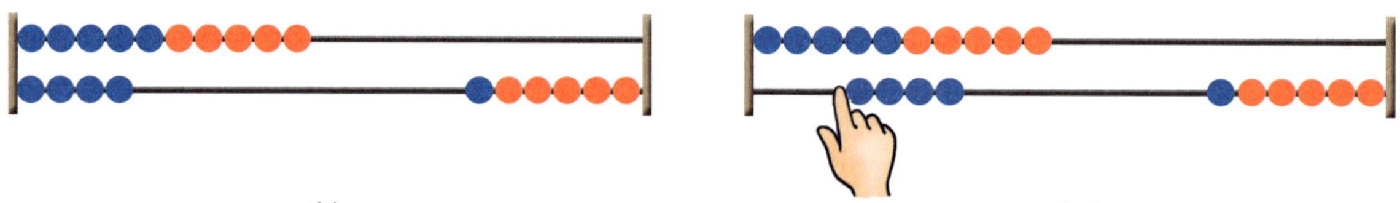

14   ____ weg, nachher ____

14 − 4 = ☐

4

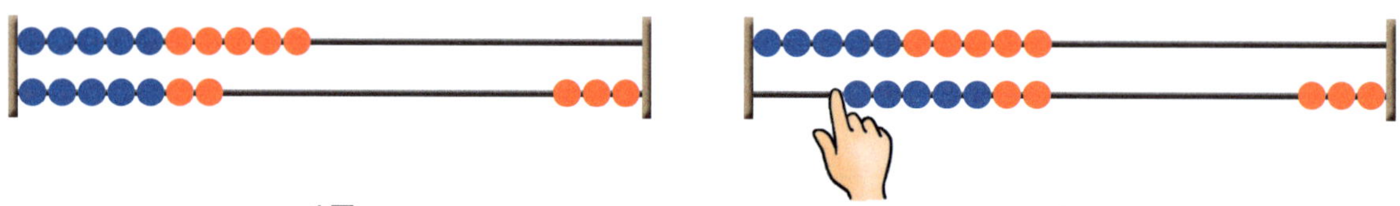

17   ____ weg, nachher ____

17 − 7 = ☐

5

15 − 5 = ☐	18 − 8 = ☐	16 − 6 = ☐
17 − 7 = ☐	10 − 0 = ☐	13 − 3 = ☐
11 − 1 = ☐	12 − 2 = ☐	14 − 4 = ☐

› **1–4** Aufgabe am Rechenrahmen einstellen, Ergebnis notieren.
› **5** Subtraktionsaufgaben zur 10 lösen. Den Rechenrahmen als Hilfe nutzen.

1

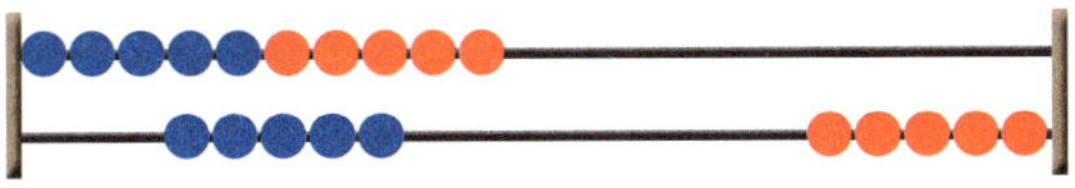

15 − [5] = 10

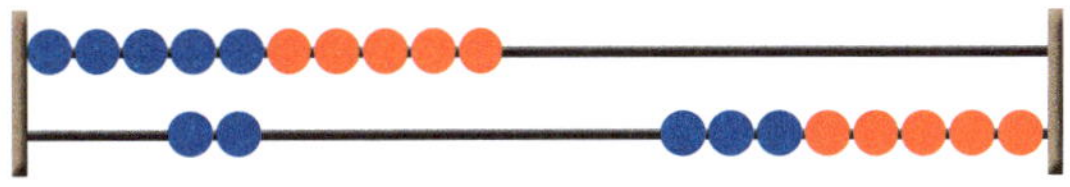

12 − ☐ = 10

2

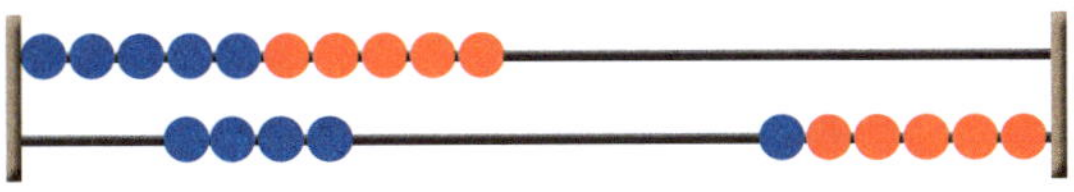

14 − ☐ = 10

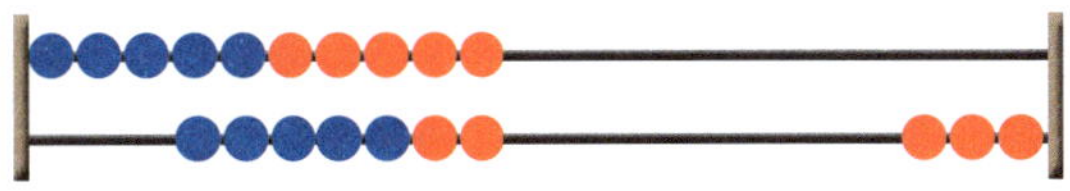

17 − ☐ = 10

3

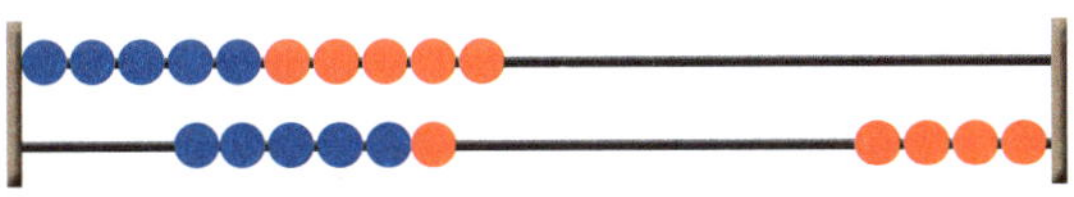

16 − ☐ = 10

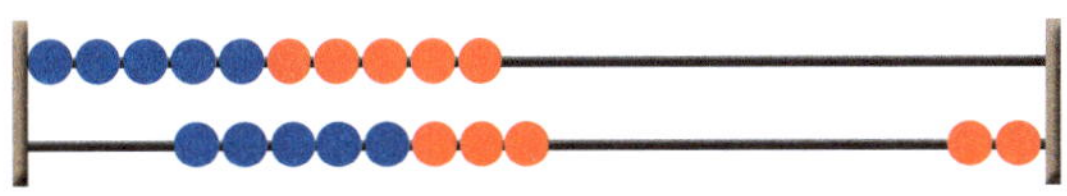

18 − ☐ = 10

4

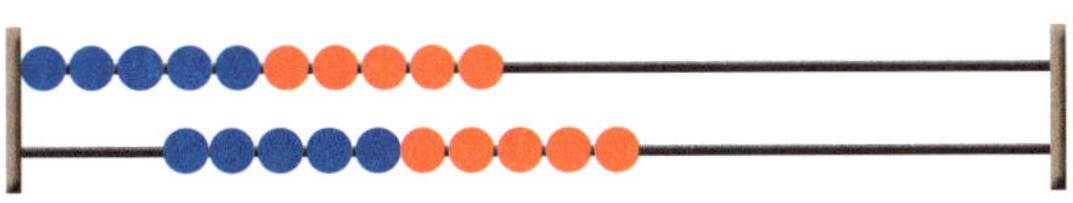

20 − ☐ = 10

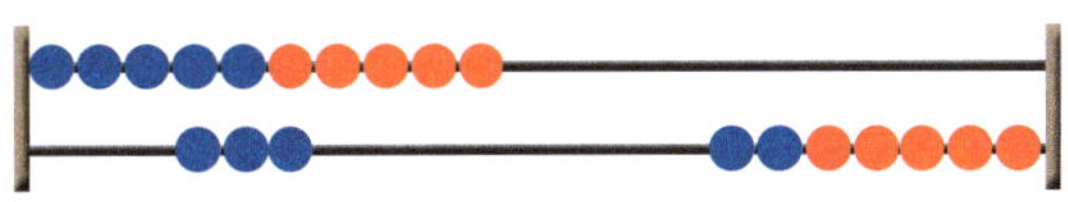

13 − ☐ = 10

5

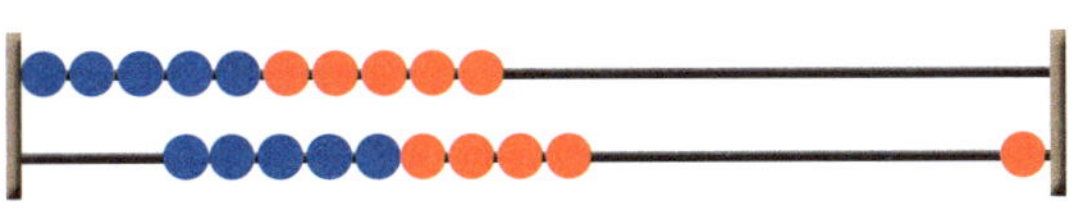

19 − ☐ = 10

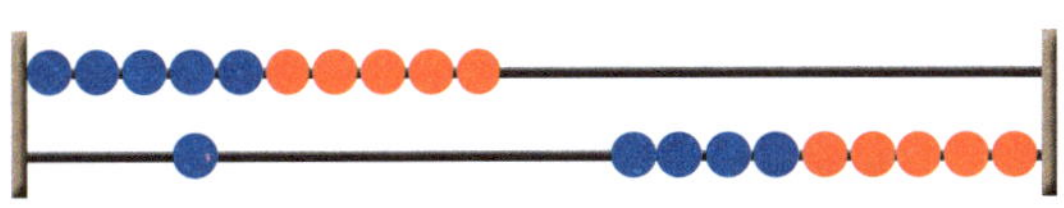

11 − ☐ = 10

6

19 − ☐ = 10	16 − ☐ = 10	13 − ☐ = 10
18 − ☐ = 10	15 − ☐ = 10	12 − ☐ = 10
17 − ☐ = 10	14 − ☐ = 10	11 − ☐ = 10

› **1 – 5** Zahl am Rechenrahmen einstellen. Wie viele müssen weg bis zur 10?
› **6** Subtraktionsaufgaben zur 10 lösen. Den Rechenrahmen als Hilfe nutzen.

Größer als – kleiner als

!

10 < 14

10 **ist kleiner als** 14

13 > 10

13 **ist größer als** 10

1

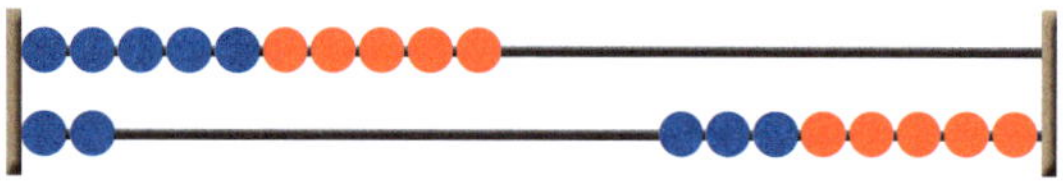
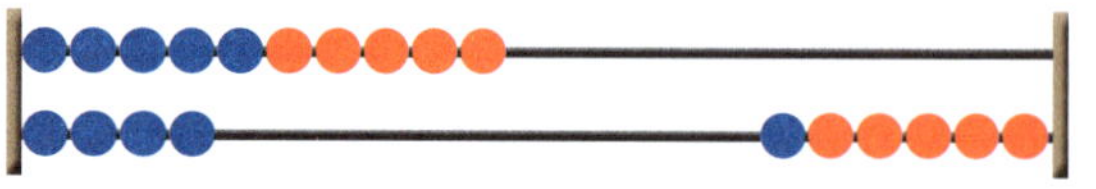

12 < 14

2

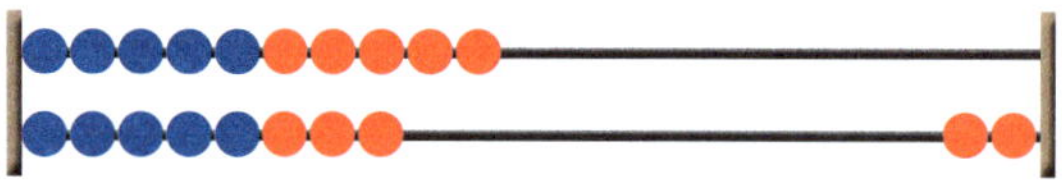
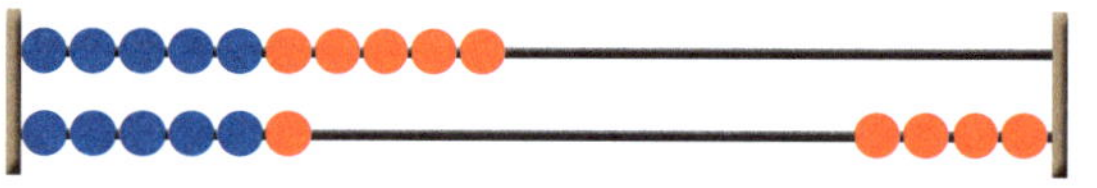

☐ > ☐

3

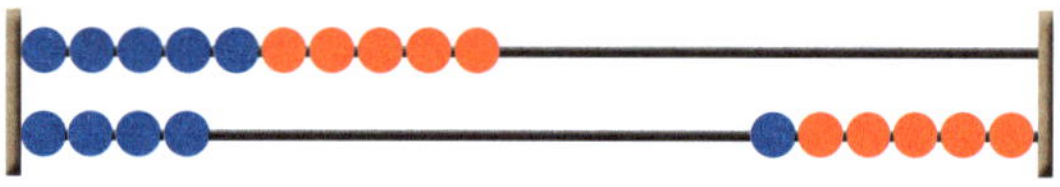
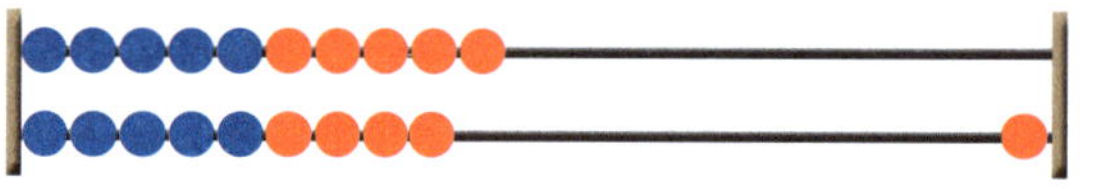

☐ ◯ ☐

4

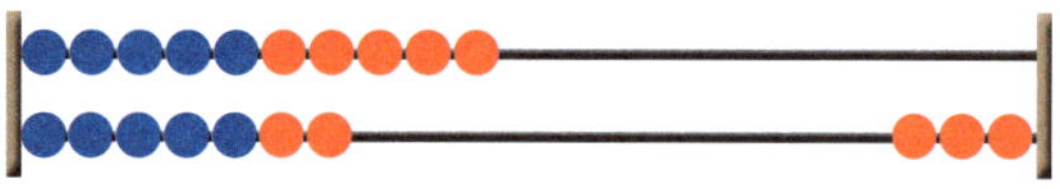
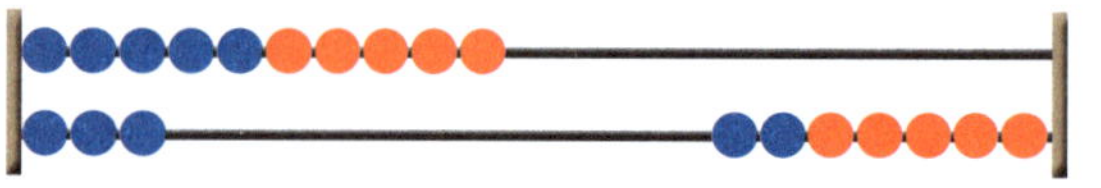

☐ ◯ ☐

5

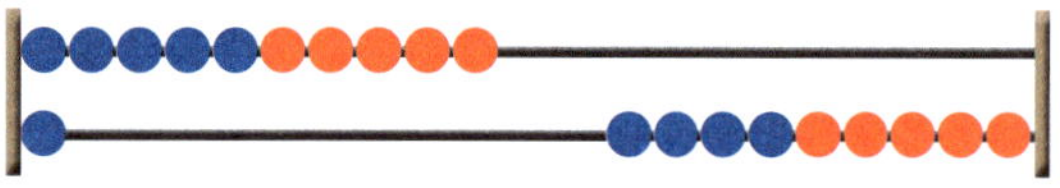
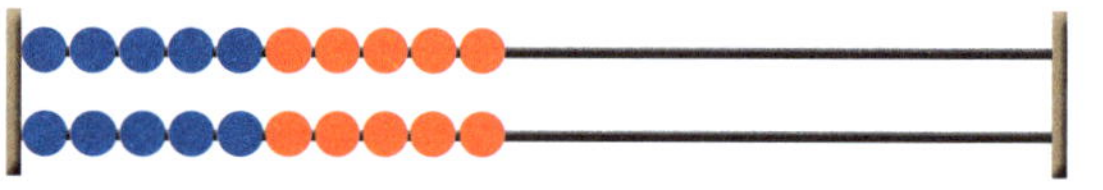

☐ ◯ ☐

› **1–5** Zahlen am Rechenrahmen ablesen und notieren. Dann entscheiden, welches Relationszeichen eingetragen werden muss. Dabei das Sprachmuster anwenden (z. B. „12 ist kleiner als 14").

1

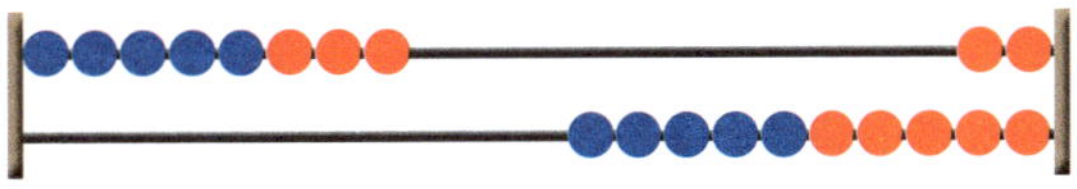 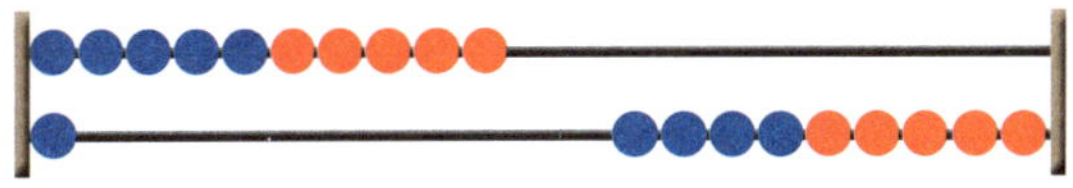

2

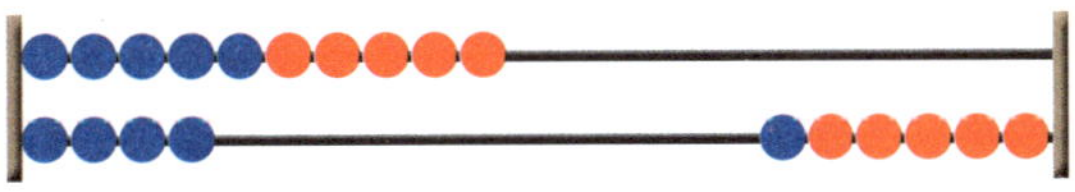 

3

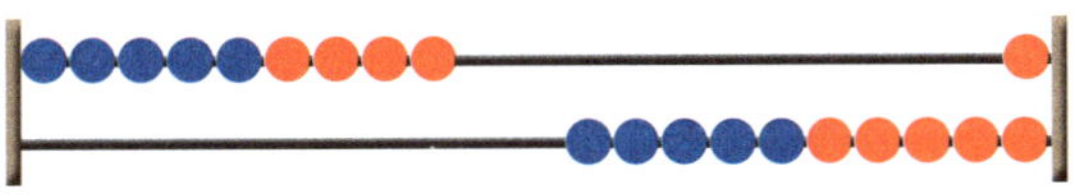 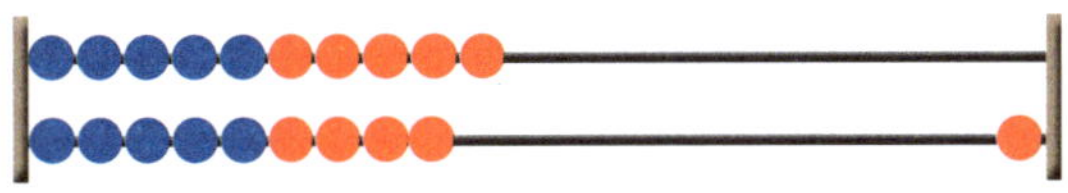

4

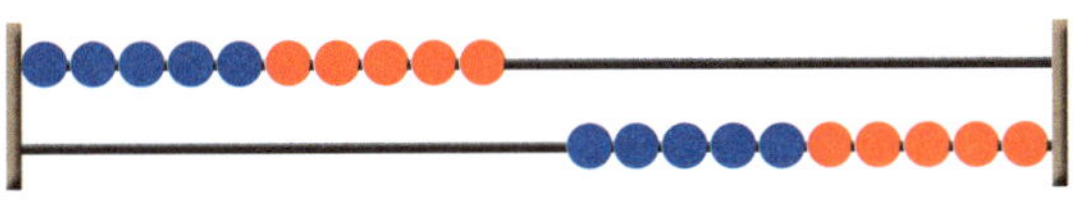 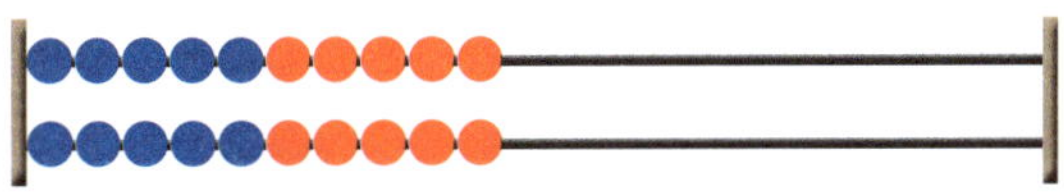

5

16 ◯ 13   12 ◯ 14   13 ◯ 17

12 ◯ 18   11 ◯ 15   19 ◯ 12

6

9 ◯ 19   17 ◯ 7   20 ◯ 14

18 ◯ 6   11 ◯ 5   15 ◯ 16

› **1–6** Entscheiden, welches Relationszeichen eingetragen werden muss. Auf die richtige Verwendung der Begriffe achten.

Geld kennenlernen

!

1 Euro
1 €

2 Euro
2 €

1

 ☐ €

 ☐ €

 ☐ €

 ☐ €

2

 ☐ €

 ☐ €

 ☐ €

 ☐ €

 ☐ €

 ☐ €

› **1** Münzen benennen und Wert eintragen. Münzen richtig ausmalen.
› **2** Scheine benennen und Wert eintragen. Scheine richtig ausmalen.

5 Euro
5 €

10 Euro
10 €

20 Euro
20 €

1

1 €

2 €

5 €

10 €

20 €

› **1** Vorder- und Rückseiten der Münzen und Scheine mit dem passenden Wert verbinden.

Wie viel Geld ist es?

1

3 €

4 €

6 €

7 €

8 €

› **1** Geldbetrag ermitteln und passend verbinden.

1

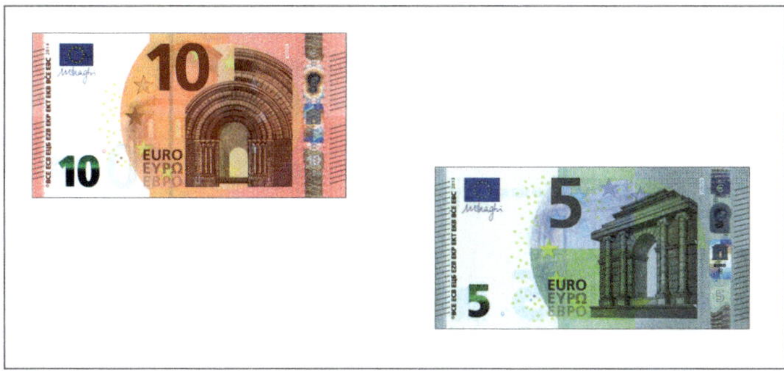

12 €

13 €

15 €

16 €

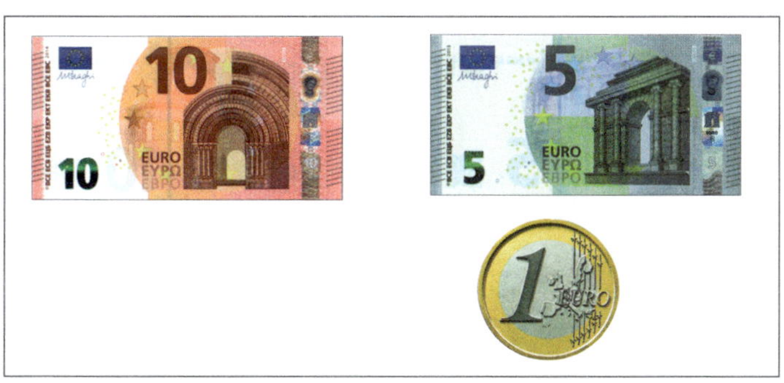

17 €

› **1** Geldbetrag ermitteln und passend verbinden.

Geld-Beträge einkreisen

1 Immer 3 €.

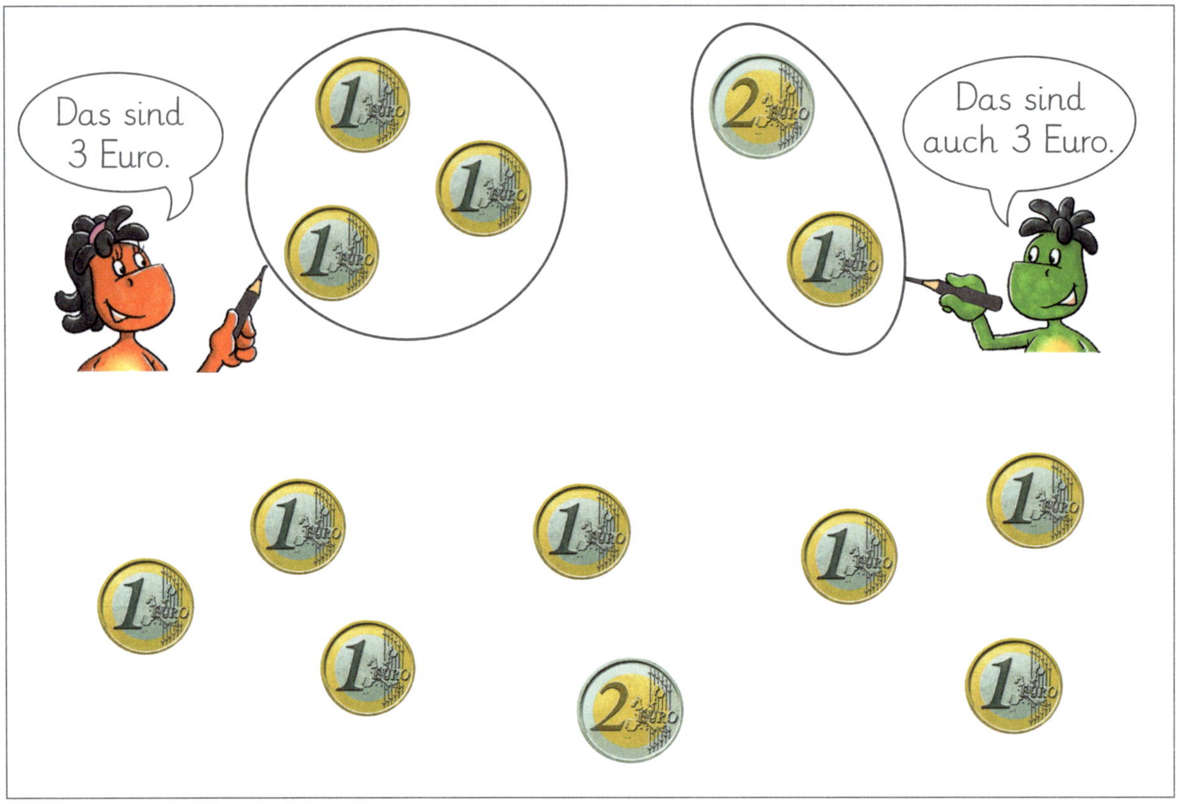

2 Immer 4 €.

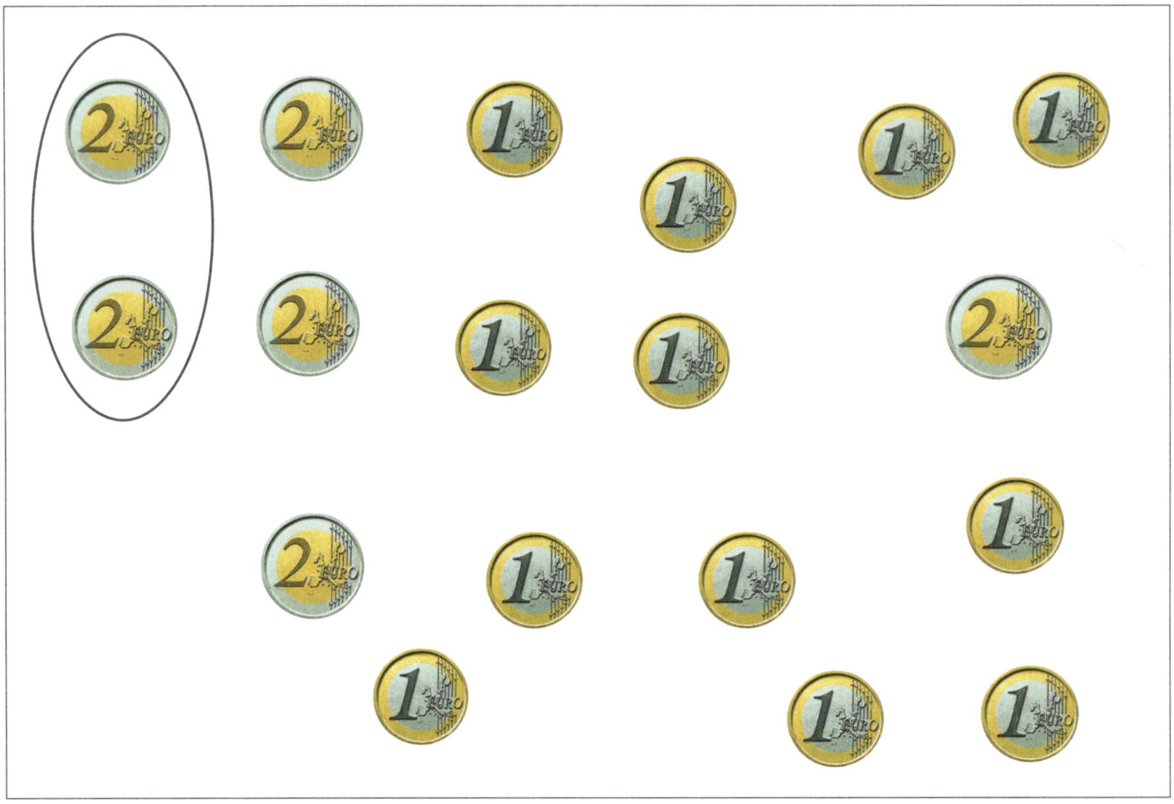

› **1** Sprechblasen von Zahlix und Zahline gemeinsam lesen und besprechen, dass es verschiedene Möglichkeiten gibt, einen Geld-Betrag zu legen.
› **1 – 2** Geld-Betrag passend einkreisen. Es kann mehrere Möglichkeiten geben.

1 Immer 5 €.

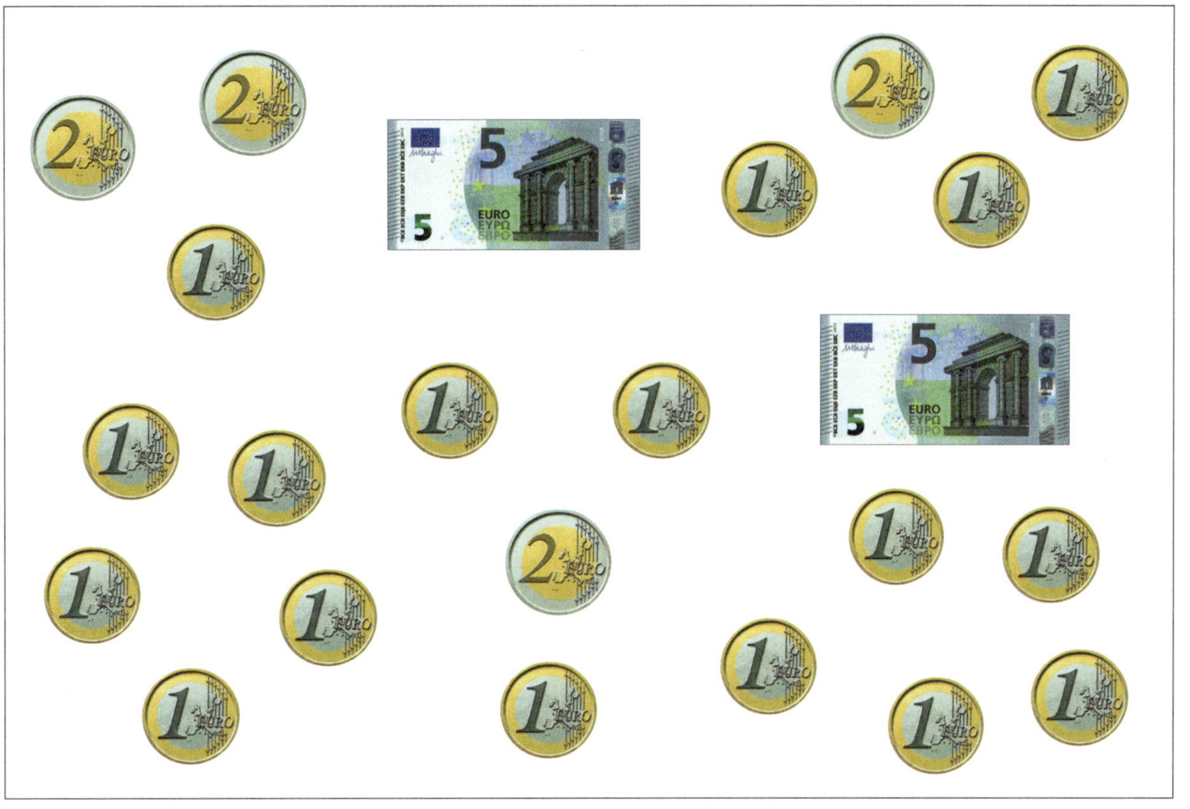

2 Immer 6 €.

› **1 – 2** Geld-Betrag passend einkreisen. Es kann mehrere Möglichkeiten geben.

1

2 €

1 1

2

3 €

5 €

3

4 €

6 €

4

8 €

10 €

› **1 – 4** Passend zahlen. Erst mit Rechengeld legen, dann Geldwerte eintragen.

1

7 €

12 €

2

3 €

5 €

3

4 €

6 €

4

8 €

10 €

› **1 – 4** Passend zahlen. Erst mit Rechengeld legen, dann Geldwerte eintragen.

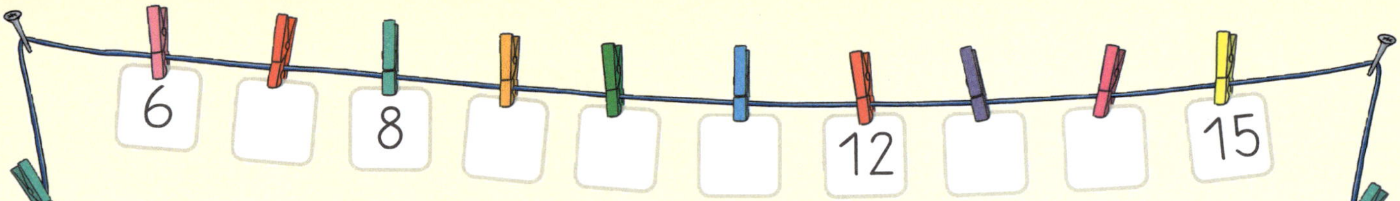

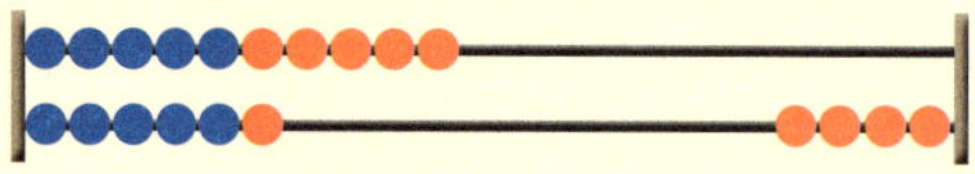

Vorgänger Zahl Nachfolger

Vorgänger	Zahl	Nachfolger
	16	

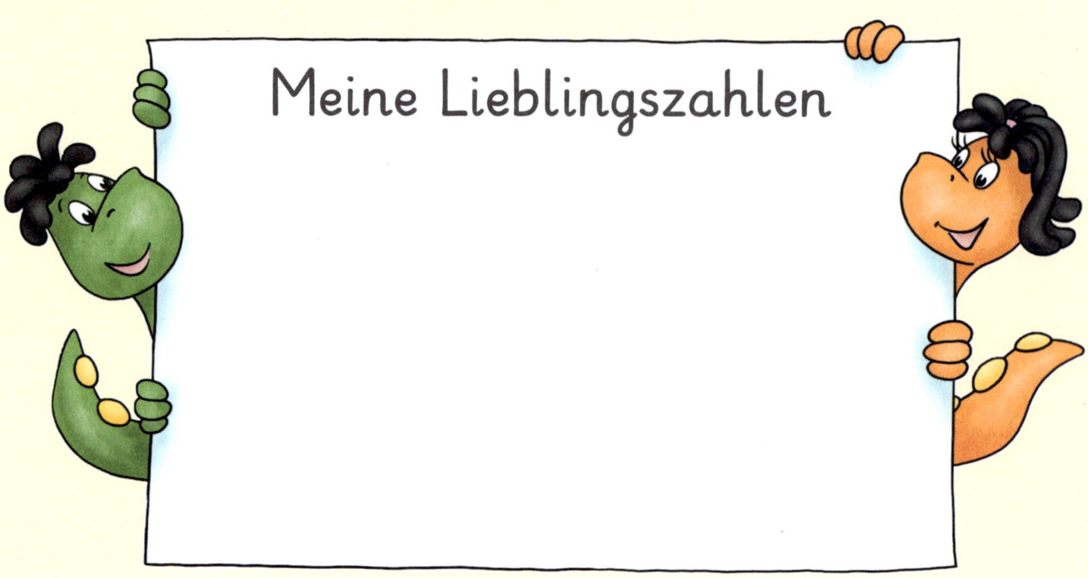